ロジックで学ぶ
獣医療面接

小沼　守 著
石原俊一 監修

緑書房

推薦の辞

　最近聞かなくなったので，死語となったのであろう。医師の間ではムンテラという言葉がよく使用されていた。最初耳にした時は何のことかと思ったが，ムントテラピー（ドイツ語でのmundtherapie），すなわち口で治療するのだという。言葉の力をもって治療を奏功させることで，施療の専門家として，職業人としての誠意をもって患者に対する矜持が感じられる。非科学的な医療のように曲解されているようでもあるが，本来はこれぞ医療の根幹であり，現在軽視され，忘れ去られている点でもある。

　このことを憂慮した識者が医療面接の重要性を臨床の現場に喧伝され，ようやく医学教育に導入されるようになっている。

　獣医臨床においても同様の事情から，医療面接の不備を実感して研鑽する先生がおられることは喜ばしいことである。

　今回上梓の本書の著者である小沼守先生もそのひとりで，早くからこの分野に注目し，文教大学附属生活科学研究所で客員研究員として，今回監修を担当された石原俊一教授のもとで臨床心理学を勉学し，さらに，日本医科大学における講座を受講され，また同医学部学生の実習にも参加して実際的な経験を重ね，日々の獣医臨床に反映されている。そして，その体験を踏まえて月刊CAPに連載した内容をこのたび組み換え，加筆してまとめたのがこの書籍である。また，監修者の石原教授は，臨床心理士で，著書も多く，多方面で活躍されている先生である。

　原稿を一瞥して想起した言葉が五省である。五省とは，旧海軍兵学校における5つの訓戒である。至誠に悖（もと）る勿かりしか，言行に恥づる勿かりしか，気力に缺（か）くる勿かりしか，努力に憾（うら）み勿かりしか，不精に亘（わた）る勿かりしかの5項目の訓戒である。蛇足ながら注を示すと，誠意に反することはなかったか，言行において良心に恥じることはなかったか，気力や意気込みが不十分のことはなかったか，努力不足のことはなかったか，徹底的に取り組まなかった点はなかったかである。

　五省はなにも軍人のものではなく，人として，職業人として当然遵守すべき訓戒である。獣医師も然りで，なにも技法だけのことではなく，心情の問題である。

　ぜひ多くの読者に，本書に述べられている行間に溢れる精神を汲んで，獣医療を発展させて頂きたいものである。

2015年4月

東京大学名誉教授　長谷川篤彦

序章
獣医療面接とは？
獣医療面接の位置づけと必要性

Patientと医師／獣医師＋医療面接

　患者の英語名であるPatientの語源は「忍耐」である。つまりPatientとは「苦しみに耐えている人」という意味で，その患者が自分らしく生きられるよう寄り添い，必要があればいつでもその苦痛を和らげようと努力することが医師（あるいは医療従事者）の本来の姿である。我々のPatientは罹患動物（患者ではあるが，"飼い主"と混乱するため本書では罹患動物とする）であるが，その飼い主さんも同時に耐えている人であると考えるべきである。

　かつて「問診」は言葉どおり，「問うて診る」という一問一答式の病歴聴取であった。これは獣医師（動物看護師）主導型の医療であり，飼い主さん主導ではない。もちろん獣医師（動物看護師）主導の方が，必要な情報を早く聴取できる。しかし医学的側面としての「問診」だけでは飼い主さんの満足は得られず，結果的に信頼関係，つまり良質な飼い主—獣医師（動物看護師）関係の構築ができないこともある。良質な飼い主—獣医師（動物看護師）関係が構築できないと，正当な獣医療を提供しても時に医療過誤となってしまうことさえあり得る。

　また，医師の英語名であるDoctorの語源は，元は教えるという意味のDocにorをつけて「教える人」である。この「教える」には，深い意味がある。ただ単純に患者を診察し，病状や治療法，管理，予防，予後などを教えるということだけではなく，病気と向き合うために必要な理解を教えること，独りで病気と闘っているのではないことを教えること，場合によっては生き方や心の持ちようを変えることまで意味に入る。この「教える人」の概念こそ，良質な患者—医師関係の基本とも言える。

　人医療では，こういった患者—医師関係の構築の重要性が10年以上前から叫ばれてきた。そんな中，単に病歴聴取だけで診断するのではなく，患者自らの病への解釈や今後受ける医療に対する希望といったニーズを明らかにし，患者に寄り添い信頼関係を構築しながら治療への動機づけをも目指した「医療面接」という技法が医学教育に取り込まれた。

　日本の医学教育において，卒前・卒後・生涯教育で「医療面接」について学ぶ機会は増えている。医療面接教育の第一人者Mack Lipkin Jr.による「患者—医師関係の統一理論」の条件をもとに，英国のJonathan Silvermanらは統一概念の一例を提唱した。そこでは臨床現場で必要な"核"となる必要最小限のコミュニケーション技能を十分に身につけてから，いろいろな場面，文脈，内容に合わせてその技能を広げる方法が推奨されている。医学教育においては，これら技法をに組み入れることにより見解を統一させ，「医療面接」の教育が行われている。また，医学部では共用試験だけでなく，国家

序章　獣医療面接とは？

Patient＝「苦しみに耐えている人」

医師（医療従事者）である前に人であることを社会が望んでいる

試験，臨床研修にも「医療面接」の技法を審査するOSCE（オスキー，Objective Structured Clinical Examination）と呼ばれる，態度・技能を評価するための客観的臨床能力試験が組み込まれている。医師である前に人であることを社会が望んでいるからなのであろう。

　また，米国では医療過誤による死亡は自動車事故によるものより多いという報告がある。日本においても医療過誤は決して珍しい話ではない。医療の質的向上が求められることは当然であるが，それを支える重要な要素のひとつがコミュニケーション技能であることを認識しなければならない。

5

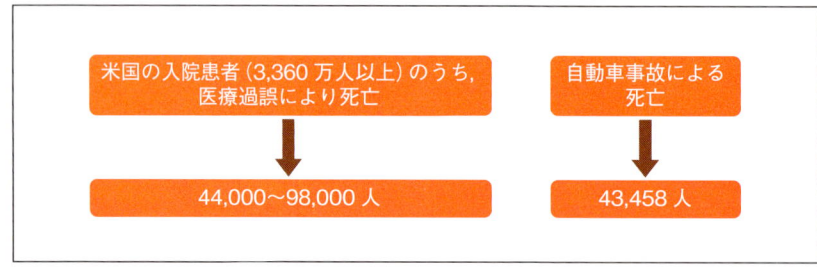

医療過誤は交通事故より多い＝医療の質が求められる時代
出典）L.コーン，J.コリガン，M.ドナルドソン，米国医療の質委員会 医学研究所著，医学ジャーナリスト協会訳：人は誰でも間違える―より安全な医療システムを目指して．日本評論社，東京，2000．

獣医療におけるコミュニケーションの位置づけ

　著者は24年間，一次診療の臨床獣医師をしてきたが，一番大切にしていることは人としての獣医療である．検査や治療に奔走するのではなく，病気の真の原因をつかみ，罹患動物や飼い主さんにとって最良の獣医療を提供することが重要であり，決して獣医療の押しつけをしないことである．コミュニケーションをとりながら，飼い主さん主体の獣医療を提供することは，前述したが医師同様，獣医師（動物看護師）である前に人であることを社会が望んでいるからである．

　また，著者は大学の獣医学教育にもおよそ7年携わってきたが，近年の獣医学生が獣医師としてではなく，人としてのコミュニケーション技能が低下している印象を持っている．これについては，他の大学関係者や開業獣医師からも，同様の話を聞く機会が少なからずあった．そのような学生が大学卒業後に臨床の現場に立ったとき，コミュニケーション技能の低さだけでなく，大学で教わった二次診療と勤務先となった一次診療とのギャップに苦しんでいるようである．

　例えば，動物病院の仕事が生き物を扱う責任の重さという倫理観が求められる仕事でありながら，ボランティアではなくサービス業的な業種（営利業）であり，理想を標榜しつつ理想論だけではいけないことや，さらには拘束時間の長い過酷な労働，飼い主―獣医師（動物看護師）や職場での人間関係が大切であること，肉体や頭脳を使うだけでなく，感情の抑制や鈍麻，緊張，忍耐などが必要な労働（感情労働）であることなど，肉体的・精神的負担が大きいことである．これらの混乱のため，飼い主さんの心の傷を癒すことすらできないばかりでなく，自ら心の傷を負って臨床から離れてしまう獣医師（動物看護師）が少なからずいることが問題となっている．二次診療施設である大学病院で学ぶコミュニケーション技能は，あくまでも大学という教育的高度医療現場（大学病院であるというだけで信頼関係が元々構築されている）での診療であり，一次診療施設での診療とは別物であることを理解しなくてはならない．

「獣医療面接」の必要性

　学生がコミュニケーション技能の基本を学ぶためには現実を知ることが大切であり，そのためには一次診療施設で研修することが早道である．しかしながら，診療施設の基準（教育目的の理解や診療

問診と獣医療面接：何が違う？

	問診	獣医療面接
形式	一問一答式	飼い主の話への傾聴や，自由な発言の誘導によるやりとりにより一緒に問題点を考える
主導権	獣医師・動物看護師	飼い主
利点	必要な情報を早く聴取可能	飼い主の満足感が得られ，良質な飼い主－獣医師（動物看護師）関係の構築ができやすい
欠点	飼い主の満足感が得られず良質な飼い主－獣医師（動物看護師）関係になりにくい	時間がかかる。発言力やコミュニケーション能力の低い飼い主や獣医師・動物看護師では苦労する

レベルなど含む），受け入れ人数の限界，さらに実習時の諸問題の責任の所在など抱える問題は多く，大学での獣医学（動物看護学）教育のひとつとして組み入れられることは難しい。そこでコミュニケーション技能をある程度高め，診療技術を向上させる目的，さらにこれらの諸問題を解決するひとつの方法として，既存の一問一答式の「問診」から，獣医師（動物看護師）が飼い主さん自身の言葉で話してもらうよう耳を傾ける「獣医療面接」にシフトさせることなら，獣医学（動物看護学）教育に組み入れることは現実的と思われる。

　この技法を使うことを，マニュアル化（型にはめてしまう教育）だと否定する意見もある。しかし，技法を使うことで飼い主さんとの対話の導入をしやすくすることには何ら問題はなく，基本的技法を学んだ後に，獣医師（動物看護師）自身でその型を破ることで成長すれば問題ない（成長してくれるかどうかはまた別の問題である）。あくまで，マニュアルは基本的な土台として考え，その土台をもとにして発展させていくことへの第一段階として考えればよい。

　特に獣医療では，動物は言葉を話さないこと，さらに動物種や品種が異なり，飼い主さんや動物の生活環境や事情には顕著に差異が認められるため，人医療以上に飼い主―獣医師（動物看護師）関係が重要であるとも言える。このような我々の分野で，インフォームド・コンセントやこれらの技法が今まで定着していない事実に恥じ入るばかりである。

　著者のみならず心ある獣医師がそのような考えを抱いていたところ，獣医学教育の世界でも，医学部同様，共用試験や獣医学教育モデル・コア・カリキュラム（実習科目4―6，総合参加型臨床実習モデル・コア・カリキュラム：基本的診療技能の習得，致達目標5　適切な問診（医療面接）を実施できる）に臨床面接の取り入れがはじまったのは喜ばしい限りである。

「獣医療面接」のベースとなるもの

　「獣医療面接」を日本の獣医学（動物看護学）教育に取り入れるには，すでに構築されている欧米の技法を取り入れることも方法として考えられるが，欧米と日本の一般臨床医に求められる獣医療レベルの差や文化の違いなどもあり，そのまま外挿することには疑問が残る。そこで医学教育の臨床面接技法を基礎から学び，日本の獣医学（動物看護学）教育に合ったものを構築することが近道と考え，本書では，日本における医療面接の先駆者である斎藤清二氏による「はじめての医療面接　コミュニケーション技法とその学び方」（医学書院）や，向原　圭氏らの「医療面接　根拠に基づいたアプロー

チ」(文光堂)＊から多くの教示を得て構成した。

　そこに，著者が経験した医大での模擬患者講習や文教大学での臨床心理学の研究，加えてつたない24年の臨床経験による個人的見解などを組み合わせて解説している。

　なお，見解に偏りや専門的解説に誤りのないよう，著者の研究の指導教官である文教大学人間科学部心理学科教授の石原俊一先生に全体の監修を頂きながら構成したが，一部に個人的見解が含まれることをご了承頂きたい。

　また，本書では「飼い主」「飼い主さん」，「患者」「患者さん」という記述が混在しているが，それぞれの文脈にしたがって用いていることをあらかじめお断りしておきたい。さらに，「獣医師」「先生」の後に（動物看護師）を加えている箇所がある。獣医療面接は獣医師だけに必要な技法ではなく，動物看護師も身につけるべき技法と考え，そのような記述とした。よって本書が，動物看護師および動物看護学生にとっても，獣医療現場でのコミュニケーション技能を高める上で参考になれば幸いである。

+PLUS disease（疾患）とillness（病い）

　disease（疾患）とillness（病い）の概念を明確にすることも重要である。人医療では，disease（疾患）とは医学的検査などにより客観的に測定され得る器官の構造異常や，機能異常である。これに対し，illness（病い）とは患者が自覚する不都合であり，主観的な苦しみの感情である。人の患者の多くはillness（病い）の感情を持って，disease（疾患）を患っているのである。illness（病い）は，disease（疾患）の重症度のみならず，患者の抱える心理・社会的問題に大きな影響を受ける。

　獣医療では罹患動物のdisease（疾患）により，飼い主さんがillness（病い）を持つと考えるとよい。よって，「獣医療面接」では，的確に罹患動物のdisease（疾患）の情報を得ると同時に，飼い主さんのillness（病い）を癒し得るものでなければならないと考えられる。しかしながら実際には，動物のillness（病い）を考えなければ，正当な獣医療とは言えない側面も持ち合わせている。

＊Mack Lipkin Jr.やJonathan Silvermanらが提唱した臨床現場で必要最小限のコミュニケーション技法をもとに医学論文を多用しながら解説されている

目次

- 004 　序章　　獣医療面接とは？　獣医療面接の位置づけと必要性

- 011 　第1章　獣医療面接の基礎知識
  - 012 　　　基礎知識1　獣医療面接の定義
  - 017 　　　基礎知識2　獣医療面接が持つ3つの役割（目的）

- 027 　第2章　獣医療面接をはじめよう
  - 028 　　　獣医療面接の構造と準備　かかわり行動（非言語的メッセージの一群である受容的・共感的な基本的態度）

- 037 　第3章　獣医療面接のプロセス
  - 038 　　　導入・質問　獣医療面接のプロセスの概念モデル①②
  - 048 　　　傾聴（共感・支持）　獣医療面接のプロセスの概念モデル③
  - 059 　　　焦点づけ，要約・確認　獣医療面接のプロセスの概念モデル④⑤
  - 067 　　　聴取，最終要約・確認，身体検査，終結　獣医療面接のプロセスの概念モデル⑥〜⑨

- 079 　第4章　積極技法と面接技法の応用
  - 080 　　　積極技法・技法の統合　飼い主への働きかけのための技法と獣医療面接技法の応用例

- 097 　第5章　獣医療面接の学習法
  - 098 　　　様々な学習法　座学，実習，ロールプレイング
  - 109 　　　シナリオ案　初級編，中級編，上級編

- 120 　Appendix　獣医療面接Q＆A

- 128 　おわりに
- 130 　監修をおえて
- 131 　参考文献
- 133 　索引
- 135 　プロフィール（著者・監修者）

第1章
獣医療面接の基礎知識

基礎知識1　獣医療面接の定義
基礎知識2　獣医療面接が持つ3つの役割（目的）

基礎知識 1

獣医療面接の定義

---
❶ Keyword

メッセージ　言語的メッセージ　非言語的メッセージ
メタ・メッセージ　ダブルメッセージ　ダブルバインド　コンテント　コンテクスト

　人医療における「医療面接」の定義は、"患者と医師とのやりとり"の一連の過程をいう。獣医療では、罹患動物とのコミュニケーションはとりつつ、飼い主とのやりとりが中心となる。よって「獣医療面接」の定義は、飼い主さんの話に耳を傾け、必要に応じて罹患動物の診療をし、良好な関係を築きながら、一緒に問題点について考えていくことであり、"罹患動物とその飼い主と獣医師（動物看護師）のやりとり"の一連の過程となる。

● 獣医療面接の基本的手法

　「獣医療面接」という技法には、メッセージ（情報）が重要であるが、それを理解する上で知っておきたい用語がいくつかあるので解説する。

①言語的メッセージと非言語的メッセージ

　コミュニケーションにおいて、「私」と「あなた」の間に取り交わされるメッセージ（情報）には大きく分けて、言葉による発言やその内容・意味（コンテント：後述の④を参照）である「言語的メッセージ」と、言葉以外のもので伝えられる「非言語的メッセージ」がある。「目は口ほどにものを言う」とも言われるが、「目は口以上にものを言う」とも言う。
　例えば、どんなに説明（言語的メッセージ）が完璧でも険しい表情であったり、非言語的メッセージとして大声や上から目線という抑圧的な態度、あるいは小声で自信のない態度であれば信頼関係は生まれない。しかし説明（言語的メッセージ）が口下手で、うまく伝えられなくても真摯に一生懸命説明すれば相手には「この先生（動物看護師）の話はちょっと分かりにくいけれど、何だか一生懸命話をしてくれ、実直な先生（動物看護師）のようなので、信じたい」となることもあるので、言語的メッセージより、非言語的メッセージが大切なのである（図1-1-1）。実のところ、臨床心理学的には非言語的メッセージの方が「主」で、言語的メッセージは「従」と言われているほど重要なのである。
　非言語的メッセージの伝達方法には、①身体動作：視線、身振り、姿勢、接触、顔面表情、②プロ

▶ 図1-1-1　非言語的メッセージのほうが大切！

クセミックス：空間行動，対人距離，③人工物の使用：衣服，化粧，アクセサリー，標識類，④物理的環境：家具，照明，温度などがあるが，獣医療面接で使われる非言語的メッセージには，服装，身振り，手振り，アイコンタクト，位置や姿勢の取り方（目を見て話す），ちょっとしたしぐさ（身振り手振りと同じような相手の話に身体を反応させることや，あいづちをうつなど），スキンシップ（もちろん握手を除き，触るなどではなく，診療以外の雑談をしたり，罹患動物を撫でたり，声をかけたりすること）など，型にはまったものはなく実に多様なものがある。

しかし難しく考えず，何より飼い主さん側の気持ちになって，実直に対応すればおのずと伝わるはずである。

②メッセージ（言語）とメタ・メッセージ（言語の裏のメッセージとなる態度）

メッセージには，言語的メッセージの背景ともいうべきメタ（高次）・メッセージというものがある。**メタ・メッセージ**とは「表だって伝わるメッセージに伴って伝わる暗黙のメッセージ（言葉では伝えていないが，雰囲気で伝えること）」である。非言語的メッセージとメタ・メッセージは厳密に言えば違う視点であるが，現実的には「非言語的メッセージ≒メタ・メッセージ」とすることが多い。

メタ・メッセージとメッセージが矛盾している場合，前者の方がより大きい効果を与える。

例えば，獣医師（動物看護師）があいさつもせず，態度が冷たい印象で，しかも丁寧な身体検査などをしなかった場合に，普通の顔で「大丈夫です，様子を見て構いません」とのメッセージ（言語的メッセージ）を伝えたら，本当に問題ない場合でも，飼い主さんは「何だか冷たいわ，きちんと見てくれたのかしら…。大丈夫って言われたけど本当かしら」となる。

また，経験の浅い獣医師（動物看護師）が，ある一面ではやさしい言葉や態度ととらえられるが，いかにも自信のなさそうな態度で，「検査結果には異常はありません，大丈夫ですよ」と言った場合，飼い主さんは「本当に大丈夫なの？　納得できないわ」となる。この場合の獣医師（動物看護師）は，「丁寧に説明したのになぜ納得してくれないのか，自分と合わない飼い主さんだな」と思ってしまう。この非言語的メッセージとなる態度がメタ・メッセージである。

このようにメッセージの裏にあるメッセージのメタ・メッセージにより，メッセージが相殺されてしまうことがある。

③ダブルメッセージとダブルバインド

　口に出すメッセージと本当の気持ちが相反していることを「ダブルメッセージ」という。例えば本当は誕生日のプレゼントが欲しいのに，口では「そんなに無理しなくていいよ」と言う。そしてプレゼントがないとがっかりするというものである。

　また，言語的メッセージであるメッセージと，非言語的メッセージであるメタ・メッセージを相矛盾した形で相手に送ってしまう場合があり，そのコミュニケーションをダブルバインド（二重拘束）という。例えば，母親が，子供にどんな本を買ってもよいと言葉で言っていても，本音（表情や態度）では，参考書や文学的書籍を買ってもらいたいと思っている。そこで子供が漫画本を買おうとすると，親は嫌な顔をする。それを察して子供は「何がいいのか」と母親に問うと，やはり「何でもいい」と言われる。つまりどちらの行動をとったらよいか身動きがとれないことを「ダブルバインド（二重拘束）」という。このような言語と本音が矛盾するダブルバインドを用いたコミュニケーションは，時に子供の情緒不安定性を助長することになるので注意が必要である。

　このダブルメッセージやダブルバインドが，獣医師（動物看護師）の気がつかないうちにしばしば重要な問題を引き起こす。よって獣医療面接では獣医師（動物看護師）が感じていること（態度：メタ・メッセージ）と言葉（メッセージ）が一致しなくてはならない。獣医師（動物看護師）が自己一致をしていないと言語的メッセージと非言語的メッセージが矛盾し，ダブルメッセージになってしまうため，獣医師（動物看護師）が自信のないことを説明する場合は，実直にその自信のない理由（経験不足，診療施設での限界，専門的に勉強していないなど）と，対策（さらなる精査の必要性や自己研鑽，二次診療への紹介など）について，飼い主さんとよりよい結果につながるよう相談すればよい。もちろんあまり自信のない話ばかりすると，負のメッセージばかりが強調され，転院や苦情となる場合もあるが，実直に応えるという真理を全うすれば，嘘を嘘で固めるよりは問題が小さいのではないかと思われる。

　ダブルバインドの例は，手術が必要な場合に，手術を選択しない飼い主さんに対して，非言語的メッセージであるメタ・メッセージとして不満な顔をする，それを察して飼い主さんが「内科療法ではだめですか」と聞くが，獣医師は「どちらでもよいですよ」と言う，といったものである。臨床医なら心あたりがあるのではないだろうか。

④コンテント（内容）とコンテクスト（背景・雰囲気）　図1-1-2

　メッセージとメタ・メッセージの関係を，もう少し簡単にした概念が，コンテント（コンテンツともいう）とコンテクストで，それらは以下のように定義される。

　言語的に具体的（非言語的表現も含む）に表現されているメッセージは「コンテント」（いわゆる内容）であり，説明する内容の底に流れ，背景，枠組みを形作るもうひとつの意味とでもいうべきメタ・メッセージを「コンテクスト」（いわゆる背景または雰囲気）と言う。

　獣医療面接では，メッセージにはコンテント（内容）とコンテクスト（文脈・背景・雰囲気）があって初めて対話ができる。例えば，「愛」というメッセージは，恋人同士では恋愛的な意味を持つが，家族間では人間的感情である慈愛などを意味し，これは文脈という意味のコンテクストである。また，

第 1 章　獣医療面接の基礎知識

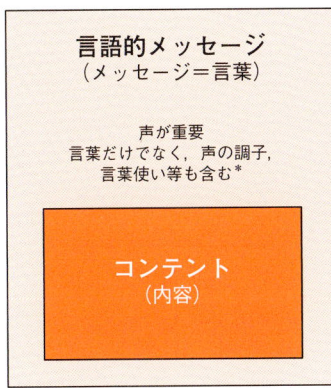
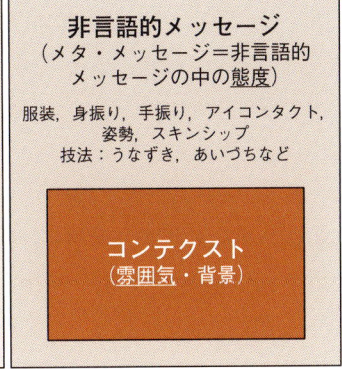

▶ 図1-1-2　メッセージの種類
出典）小川一美，松田昌史，飯塚雄一他：非言語的コミュニケーションのマルチ・チャネル研究の推進を目指して．対人社会心理学研究：10，55-75，2010．

　簡単な例を示すと，「馬鹿！と言った」という発言はコンテントであるが，その際に見せる「笑顔」または「怖い顔」，「大きな声」または「小さな声」を組み合わせて，「（笑顔で）馬鹿！と（小声で）言った」または「（怖い顔で）馬鹿！と（大声で）言った」と表現すると，両者は同じ「馬鹿！と言った」という「コンテント」ではあるが，雰囲気によってまったく違う意味で伝わる．
　この雰囲気を「コンテクスト」というが，さらに別の側面もある．例えば信頼関係が構築された両者だとする．その両者間で「（怖い顔で）馬鹿！と（大声で）言った」としても，相手は「こんなに私のことを思って叱ってくれた」と解釈する場合がある．これには前後の文脈，両者の背景，過去の出来事の共有など，両者の信頼関係により解釈が変化しており，このような「コンテクスト」（雰囲気）もある．

・「信頼」という「コンテクスト」（雰囲気）のあり方
　飼い主さんを説得するには，事前の十分なコミュニケーションにより「信頼」という「コンテクスト」（雰囲気）を作り出しておかなければ，成功する見込みがほとんどない．信頼できない人（獣医師，動物看護師）からの説得を受け入れる飼い主さんはいないからである．
　これを成功させるためには，コミュニケーション技法が必要であり，現場では特に飼い主さん主導で行う受容的技法と，獣医師（動物看護師）主導で行う主導的技法のバランスが必要である．すなわち，信頼関係を構築するには飼い主さんを中心とするその感情や考え方を十分受容する必要があるが，その一方で飼い主さんは専門家（獣医師，動物看護師）からの適切なアドバイスなどの影響力を期待するものである．このバランスが重要なポイントとなるが，バランスの度合いをとるマニュアルなどはないため，せめて獣医療面接では，獣医師（動物看護師）自身が「伝わっているか，悪い印象

は与えていないか，系統的に説明できているか，理解されているのだろうか」などを飼い主さんの「コンテクスト」(雰囲気)から感じながら，さらに獣医師(動物看護師)の考え方や態度，それらを相手に伝達するコミュニケーション技法を用いてできるだけ信頼性を高め，安心させる「コンテクスト」(雰囲気)を与えながら，獣医療面接を行うことが重要である。

　では根本的に，「獣医師(動物看護師)と飼い主さんとの間に常に信頼関係がなければならないのか?」という問題がある。信頼関係はないが，「この病院しかこの病気，またはこの動物を見てくれないから」または，「信頼する病院はあるけど，今日は休みだから」とか，「救急だから近いところ，やっているところに来た」などの例もある。よってニーズによっては良好な信頼関係がなくても問題ないこともある。もちろんこのような関係では，何か問題が生じた場合，状況が複雑化し，訴訟などに発展する可能性もあるので注意が必要である。

　また，飼い主さんと獣医師(動物看護師)間のコミュニケーションに行き違いが出て，それが増幅し，関係の破綻が生じ，言い合いになることがある。しかし，その破綻を経験することで飼い主さんの言いたいことやしてほしいこと，家庭内の問題などの背景がよく理解でき，さらに獣医師(動物看護師)側の不満も伝わり，お互いの立場を理解することで，逆によい関係に発展することもある。いわゆる「けんかをしてかえって仲良くなる」ということである。

　これをコンテクストの破綻と再構築といい，特に難しい飼い主さんとの関係で生まれることがある。著者もそれを経験し，何度か乗り越えて信頼関係が生まれたこともあるが，言葉ひとつひとつや相手の表情，言葉に細心の注意を払いながら行っており，関係が好転したのは結果論であると言えなくもなく，薄氷を踏む思いであり，紙一重であるのは言うまでもない。

　よってこの破綻と再構築効果は，ある意味限定的であると考えるべきである。大きい破綻は飼い主─獣医師(動物看護師)関係が絶たれ情報の共有が困難となり，理解し合えない。破綻と再構築効果がうまく生じるかどうかについては，飼い主さんの性格や背景などの要因が影響し，さらに獣医師(動物看護師)側の獣医学的知識，経験，考え方や態度などのコミュニケーション技能のレベルも関係するため大変複雑であることを念願におく必要がある。

➕PLUS 精神医学の面接

　精神医学(精神科)の分野での面接(問診)法によると，最初に医師は患者さんの外観から何らかの"印象"という情報を得るため，また相手の話を十分に聞き出すためにも面接の最初からよく観察する必要があるとしている。患者さんの表情・態度・服装は，本人の話とは別に，本人の人柄について何事かを面接者に語りかけるので，面接を開始してすぐ，その非言語的メッセージ(話の内容と態度が一致しているかなど，話しているときの態度)により，患者さんの心のうちや背景(思いつめている，緊張している，神経が高ぶっている，神経質であるなど)を読み取る必要があると言われている[3]。

　著者の経験でも，これらの直観的な第一印象を読み取ること(どんな性格の人か? など)は，その後のコミュニケーションにかなりの確率でよい方に役立つことが多い。

基礎知識2
獣医療面接が持つ3つの役割（目的）

---
❶ Keyword

> 焦点づけ　傾聴　非言語的メッセージ　かかわり行動　受容　共感　支持　臨床能力　変容　飼い主教育

　前項「基礎知識1　獣医療面接の定義」では最低限覚えておきたい基本的な技法について解説したが，臨床心理学的側面が多いため分かりにくい部分もあったかと思われる。簡単に言うと，言語的メッセージと非言語的メッセージを意識することが重要となる。本項では獣医療面接の基礎知識の後編として，基本的技法を用いながら獣医療面接を進めていくために必ず理解しておかなければならない，獣医療面接が持つ3つの役割（目的）とその役割を担う総論的な方法について解説する。

　医療面接には，Cohen-Cole SAが提唱した3つの役割がある（Cohen-Cole SA, 1994）。

　それは，①情報の収集と問題点の同定，②患者との良好な関係の構築，③患者教育であり，これら3つは独立して働くわけではなく，組み合わせて実施される。

　それを獣医療面接に外挿すると，①情報の収集と問題点の同定，②罹患動物・飼い主さんとの良好な関係の構築，③飼い主教育となる（図1-2-1）。

明らかにするもの
①情報の収集と問題点の同定
　● 病気の情報と問題点
　● 診療前の飼い主自らの病気の解釈
　● 今後受ける獣医療に対する希望といったニーズ

つくり，目指すもの
②罹患動物・飼い主との良好な関係の構築
　● 罹患動物・飼い主に寄り添い信頼関係の構築

③飼い主教育
　● 診察後の飼い主への病気の解釈の説明
　● 飼い主の自己決定権を尊重し，治療への動機づけを目指す

▶ 図1-2-1　獣医療面接の役割

基礎知識2　獣医療面接が持つ3つの役割（目的）

● 情報の収集と優先順位をつけながらの問題点の同定（図1-2-2）

　人医における内科の外来患者の大部分（76～83％）では，病歴聴取のみで確定診断に至るといわれているように，飼い主さんの視点に立った情報収集は大変重要であり，飼い主さん中心の医療の実践に不可欠である。

　これには，病歴聴取だけでなく，飼い主さんとの良好な関係が築けなければ，より正しい情報収集は不可能であり，結果的に問題点の同定も誤ることとなる。よって，飼い主さんの視点に立った情報収集は，獣医師自らの診断能力を高めるだけでなく，誤診を防ぐことにもなる。よって飼い主さんの視点（期待，生活への影響，考え，感情）についてしっかりと聴くことが重要であり，時に飼い主さんに気づきを促すこともできる。

　これは結果的に飼い主さんとの良好な関係を構築しながら病歴聴取（問診）をしていることとなる。つまり情報収集とは，様々な出来事の時間的流れや，症状の全体像など鑑別診断に必要な情報だけでなく，飼い主さんが獣医師（動物看護師）に期待すること，問題点の日常生活への影響の度合い，それに対する飼い主さんの考えや感情などを飼い主自身の言葉で語ってもらうことなのである。

　また，情報収集は，自由に答えてもらう質問（開かれた質問＊：飼い主さんの満足度，情報収集の効率化，診断の正確さの向上を目的とする）と，「はい」「いいえ」で答えられる具体的な質問（閉ざされた質問＊：飼い主さんの視点を探ることが目的）を組み合わせて行う（＊：詳細は，第3章　獣医療面接のプロセス　導入・質問　獣医療面接のプロセスの概念モデル①②にて解説する）。

　得られた問題点をリストアップし，お互いの優先順位を尊重しながら，必要な問題点を同定させる。また，たとえ飼い主さんの優先順位が高いものであっても，現症に関係のない優先順位の低い問題点については，その回の診療後や次の機会に相談をすることを告知し，話し合いで合意する。

　これらは単に限られた時間における問題点の整理という意味だけでなく，面接の進め方，流れを飼い主さんと一緒に決めていくという過程において，飼い主—獣医師（動物看護師）関係をより対等なものにするという意味もある。

鑑別診断に必要な情報を得る
● 様々な出来事の時間的流れとその症状の全体像

飼い主主導の語りの誘導で情報を引き出す
● 問題とその度合い，不安，期待などを語ってもらう
● 例：「～について少し教えて頂けますか？」（焦点づけ）

飼い主のニーズを知る
● 患者は診断や予後，医師は治療や薬の情報に重きをおく

▶ 図1-2-2　飼い主の視点に立った情報の収集と問題点の同定
出典）向原 圭著，伴 信太郎監修：医療面接 根拠に基づいたアプローチ．文光堂，東京，2006．

▶ 問題点をリストアップしながら優先順位をつけ，症状を時間軸に沿って
　飼い主自身の言葉で語ってもらうパターン

獣 「本日は，Aちゃんの皮膚病と，下痢，困った行動（異嗜），歯肉炎，目やにがあり来院されたようですね。こういった症状は，もしかしたらひとつの原因から発生していることもありますので精査をしなくてはいけませんが，今日は飼い主さんが時間がないということなので，すべてのお話を伺うことや，検査をすることができません。そこでこの中でBさんは，どれについて最もご心配されたり，お困りになっているのでしょうか？」

飼 「今は，下痢が1番困っていますので，それを何とかしてください」

獣 「分かりました。下痢と皮膚病が食物による有害反応が原因で発生している可能性もありますので，まずは下痢についての話をお伺いしてから，皮膚病の話もお聴きしますね。もちろん時間に余裕があれば，その他の問題もご相談しましょう」

飼 「分かりました，よろしくお願いいたします」

獣 「今，3歳で慢性の下痢と皮膚病があるようですが，それ以前で同じような症状はいつ頃からありましたか？」（消化器症状と皮膚症状を呈する食物アレルギーは1歳齢以下で発現するので，その情報を得たい）

飼 「そうですね，生まれて半年くらいからでしょうか」

獣 「分かりました。それでは生後半年くらいから，どのような症状からはじまり現在に至ったか，教えてください」

▶ 飼い主さんの視点に立った質問

飼い主さんの期待
　　「今日，これだけはしてほしいということはありますか？」
飼い主さんの生活への影響
　　「この症状で日常生活に何かお困りのことはございますか？」
飼い主さんの考え
　　「原因やどれくらいで治るとか，こういった治療法がよいのではないかといった，今，考えていることを教えてください」
飼い主さんの感情
　　「なかなか治らない病気ということで当院に転院されていますが，今はどのようなお気持ちですか？」
　　（苦しみや悲しさなどの感情を聴いてあげるという姿勢）

　情報収集を効率的に行うためのひとつの方法は，問題が最初に起こったときのことから受診時までのこと（症状が多ければその順番も重要）を飼い主さん自身の言葉で時間軸に沿って自由に流れを話してもらうことである。飼い主さん自身の言葉で自由に話してもらう情報収集のよいところは，飼い主さんから主導権を奪うことなく，「〜について少し教えて頂けますか？」といった「焦点を絞った質問（**焦点づけ***）」を時折はさむことで，意味が曖昧な情報については明らかにしながら，時間軸に沿って罹患動物の問題点の全体像を把握できることである（*：詳細は，第3章　獣医療面接のプロ

基礎知識2　獣医療面接が持つ3つの役割（目的）

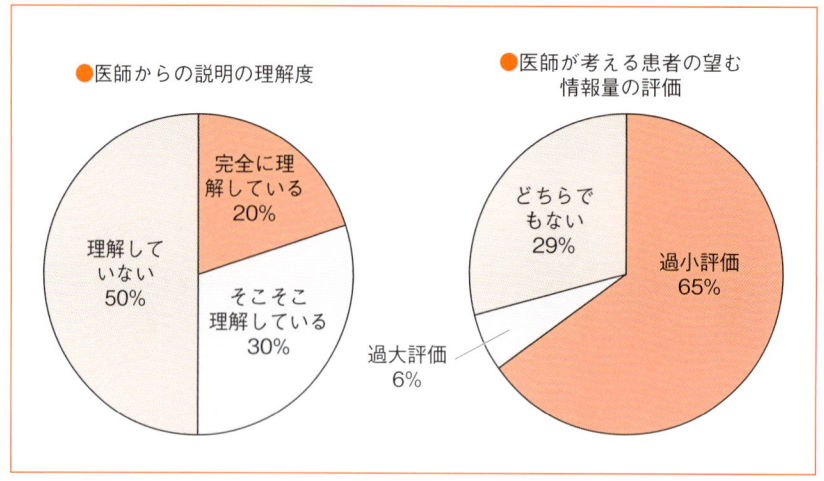

▶ 図1-2-3　医師からの説明って伝わっているの？
出典）向原 圭著，伴 信太郎監修：医療面接 根拠に基づいたアプローチ．文光堂，東京，2006．

▶ 図1-2-4　飼い主はどのような情報を得たいのか

セス　焦点づけ，要約・確認　獣医療面接のプロセスの概念モデル④⑤にて解説する）。

　また，獣医師（動物看護師）が提供する情報は，飼い主さんが望んでいるものとくらべ少ない傾向がある。65％の医師は，患者の望む情報量を過小評価し，過大評価しているのは6％にすぎないという報告や，患者は診断や予後についての情報に重きを置いているのに対し，医師は治療や薬についての情報に重きを置いているという報告もある（向原 圭，2006）（図1-2-3）。

　つまり，どのような情報を知りたいかは，患者と医師だけでなく，飼い主さんと獣医師（動物看護師）の間でもギャップがあると思っていた方がよく，それぞれの飼い主さんのニーズを知る必要がある（図1-2-4）。

　また，その情報を提供するタイミングや表現も重要である。ある研究では，患者は説明された25～50％の内容しか記憶していないという報告や，病気の理解が重要な糖尿病患者においても，医師から説明された糖尿病にかかわる内容を理解していたのは12％しかいなかったとの報告もある（向原 圭，2006）。

そのような背景があると考えながら，適切なタイミングで相手の雰囲気，非言語的メッセージを読み込むことと，飼い主さんに分かりやすい言葉（覚えやすい方法としてメモとして残したり，図表，概念モデル，教材を利用する）で情報をひとつずつ共有しながら，時に繰り返したり，整理（要約）したり，強調しながら，さらには飼い主さんの言葉でも語ってもらうなどの方法で，飼い主さんに情報を提供し理解を求めなくてはならない。

● 飼い主（飼育動物含む）との良好な関係の構築

飼い主—獣医師（動物看護師）関係は心理カウンセリングに近く，獣医療面接の基盤となる。良好な飼い主—獣医師（動物看護師）関係がないと，飼い主さんは重要な情報について話をしてくれなかったり，自身で情報の淘汰をしてしまったりして，適切な診断や治療ができなくなることも少なくない。また，お互いにとって納得のいく問診の終了の仕方ができるかが，獣医療面接，ひいては診断や治療の質を大きく左右するのである。

ただし飼い主—獣医師（動物看護師）関係を抽象的な概念として理解しても，実際の臨床で役には立たない。飼い主—獣医師（動物看護師）関係とは，飼育動物を含めた飼い主さんである「あなた」と獣医師（動物看護師）である「私」との二者関係であり，「あなた」と「私」がどのように会話するか，どのようにコミュニケーションをとるかがきわめて重要である。

そうでなくても不安や緊張，時には不満や不信を持ちながら診察室に入った飼い主さんに，獣医師が自己紹介やあいさつもせず診察をはじめたり，厳しい表情や言葉で対面したり，飼い主さんに目も合わせない対応をしたり，飼い主さんの話（主訴）も十分に聴かずに病気を決めつけない方がよい。

飼い主さんの述べる言葉の内容について理解しようとすることは当たり前だが，それだけではなくその裏側にある感情や要求についても焦点を当て，ともに理解しようとすることが飼い主さんの真の理解につながる。そうすればコミュニケーションはさらによりよいものとなる。

飼い主—獣医師（動物看護師）関係は常に「**出たとこ勝負の一期一会**」という要素を含んでいる。もちろんお互い人間なので相性があって当然であるが，できるだけ飼い主さんの訴えを，飼い主さんの気持ちを配慮し，耳を傾けながら聴き（**傾聴**＊という），さらに飼い主さんの意見を頭ごなしに否定せず，同意しながら問診を進めれば，最低限の人間関係は構築されるはずである（＊：詳細は，第3章 獣医療面接のプロセス 傾聴（共感・支持） 獣医療面接のプロセスの概念③にて解説する）。逆に良好な飼い主—獣医師（動物看護師）関係が構築されなければ，たとえ正論であったとしても相手を理解し，納得させることさえできないのである。

このような「その場の雰囲気」という言葉を用いない大切なメッセージを「**非言語的メッセージ**＊」という。これは，「私はあなたに関心を持っています。私はできる限りあなたの役に立ちたいのです。どうぞ自由に自分を表現してください」といったメッセージであり，飼い主さんに「受容されている」「尊重されている」と感じてもらうためのメッセージである。その「非言語的メッセージ」は，言語的な面接法を支える雰囲気（コンテクスト）を作り出す態度（メタ・メッセージ）であり，これらすべてを「**かかわり行動**」という（＊：第1章 獣医療面接の基礎知識 基礎知識1 獣医療面接の定義を参照）。

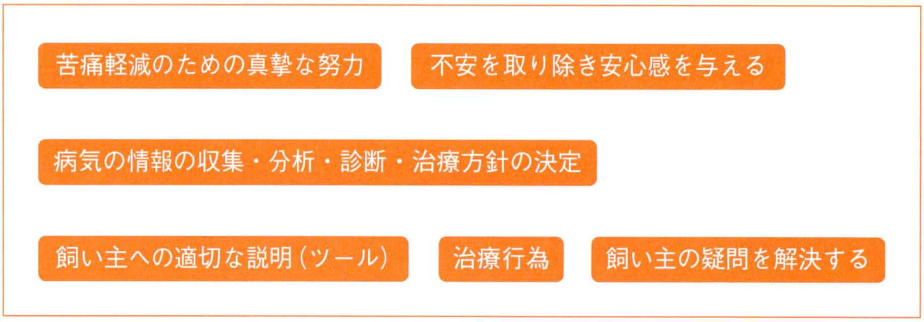

基礎知識2　獣医療面接が持つ3つの役割（目的）

```
┌─────────────────────────────────────────────────────────┐
│  [苦痛軽減のための真摯な努力]　[不安を取り除き安心感を与える]  │
│                                                         │
│  [病気の情報の収集・分析・診断・治療方針の決定]              │
│                                                         │
│  [飼い主への適切な説明（ツール）]　[治療行為]　[飼い主の疑問を解決する]│
└─────────────────────────────────────────────────────────┘
```

▶ 図1-2-5　獣医師（動物看護師）に期待される役割とは？

● **期待される役割**

　獣医師（動物看護師）に期待される役割は常に一定とはいえないが，「罹患動物や飼い主さんの苦痛を軽減するために真摯に努力すること」「飼い主さんの不安を取り除き，安心感を与えること」「罹患動物や飼い主さんの抱える問題に関して情報を集め，分析し，診断を下し，治療方針を決定すること」「飼い主さんに診断，治療方針，予後の見通しなどについて適切な説明を与えること」「治療行為を実際に執り行うこと」「飼い主さんからの質問に答え，飼い主さんの抱く疑問を解決すること」などである（図1-2-5）。

　飼い主さんに期待される役割としては，「罹患動物の抱える問題を認識し，解決のため獣医師（動物看護師）に助力を求める」「獣医師（動物看護師）援助のもとに，罹患動物の問題解決のために努力をする」「獣医師（動物看護師）を信頼し，その判断と指導を受け入れる」といったことが考えられるが，獣医師（動物看護師）と信頼関係が構築できなければ，飼い主さんはこの役割を果たすことができない。ともあれ良好な飼い主―獣医師（動物看護師）関係が機能するには，しばしば矛盾・対立はあるが，この「役割関係としての飼い主―獣医師（動物看護師）関係」と「人間関係としての飼い主―獣医師（動物看護師）関係」の間に一定のバランスと調和が保たれることが望ましい。

　良好な飼い主―獣医師（動物看護師）関係形成のための具体的な必要条件は，大まかに「受容」，「共感」「支持」，「臨床能力」という4つの要素にまとめられる（図1-2-6）。

①「受容」

　<u>飼い主さんの話を否定しないよう十分に耳を傾け，いったん全面的に受け入れること</u>

　受容とは，飼い主さんのひとつひとつの要望に応えたり，期待された役割をすべて受け入れるものではなく，飼い主さんの存在そのものを受け入れることである。

　もし「受容」を，「罹患動物や飼い主さんの問題すべてを獣医師（動物看護師）が解決しようとして抱え込むこと」と解釈してしまうと，獣医師（動物看護師）自身の限界を超えたとき，その緊張に耐えきれず精神的な歪みが現れ，結果的に飼い主さんに嘘をついたり，突き放すという対極行動に出たり，ときに燃え尽きたりするなどの問題を生じさせてしまうため，根拠のないプライドなどは捨て，

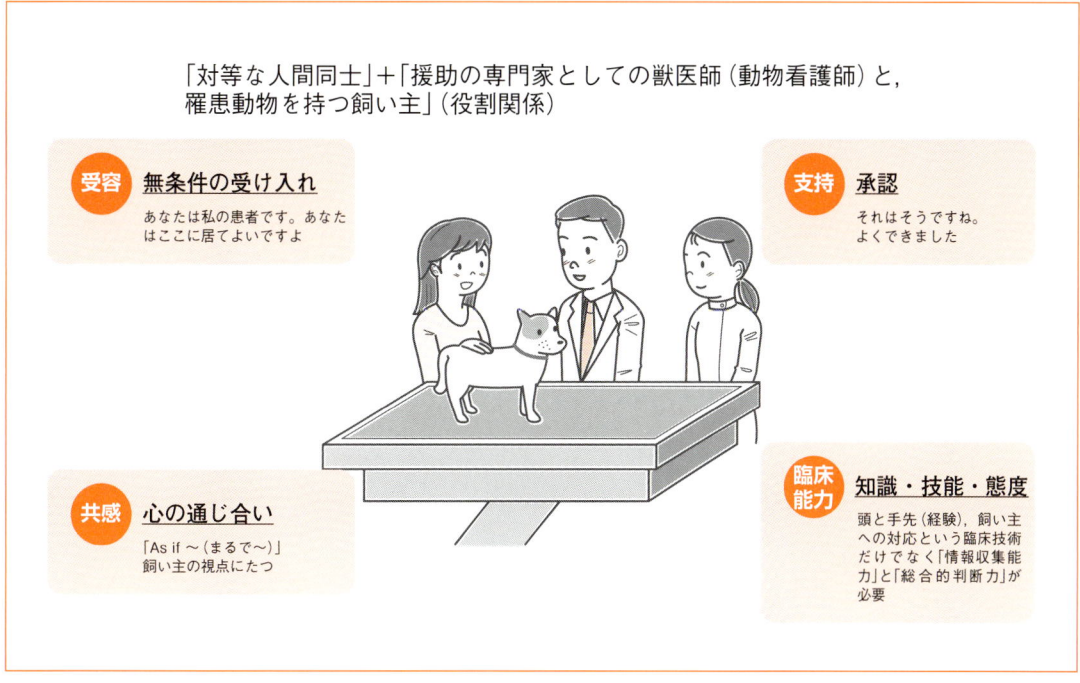

▶ 図1-2-6　罹患動物とその飼い主さんとの良好な関係の構築とその維持

自分の限界を知り，無力な自分を受け入れる度量が必要である。

　もっと広義の考え方とするなら，とにかく飼い主さんがどのような考え方を持っていても，まずは"一応"無条件に受け入れることである。あえて"一応"とする理由は，飼い主さんの考え方や行動が，悩みや問題の解決を遅らせる原因となっている場合が多く，ゆくゆくは獣医師（動物看護師）による飼い主教育により飼い主さんをよい方向に変えていくこと（変容）を目標としているからである。その前提で，飼い主―獣医師（動物看護師）関係を構築する初期の頃には特に全面的に「受容」することが重要である。

　また「受容」は単なる表面的な言葉掛けではなく，獣医師（動物看護師）が飼い主さんに対して「あなたは私の患者さんです」という態度を明確に示すことである。このような態度を示すことによって，飼い主さんは「私はここに居てもいいのだ」という安心感を抱くことができる。具体的には，飼い主さんの話に熱心に耳を傾ける態度（傾聴*）や，身体検査を丁寧に行うこと，検査や治療の説明を丁寧に行うことも飼い主さんに「大切に扱われている，尊重されている」や「全面的に受け入れられている」，「安心して治療を任せられる」という感覚を与える（*：詳細は，第3章　獣医療面接のプロセス　傾聴（共感・支持）　獣医療面接のプロセスの概念モデル③にて解説する）。

　逆に，冷徹な皮肉っぽい対応やよそよそしい言動などは，飼い主さんに「受け入れられていない」という印象を与え，怒りや哀しみを感じて抑うつ的な気分にさせてしまい，良好な飼い主―獣医師（動物看護師）関係が構築されない。

②「共感」

まるで飼い主さんと同じ体験をしているかのようになり，近似した感情が起こり，心が通じ合うこと

「共感」とは，獣医師（動物看護師）側が，まるで飼い主さんと同じような体験をし，近似した感情が起こり，心と心がジーンと通じ合っている状態をいう。また，「As if〜（まるで〜）」の関係ともいわれており，まるで飼い主さんと同じ体験をしているかのような状態を「共感」としている。

人医における臨床心理学的カウンセリングを行う場合では，共感するために，必ずしも患者と同じ体験をしている必要はないとされている。それは，当事者になってしまうと医師が客観的な評価ができなくなるからである。

獣医師（動物看護師）の場合，同じ体験とは，同じような罹患動物を持ち，同じような体験をした場合とされるが，医師と違い第三者的視点も持てる。しかし，飼い主さんの心理状況を自己変容につなげるには「As if〜」の関係で，客観的評価をする必要がある。もし，その客観性を失い，飼い主さんの感情や立場と同一化し，時として巻き込まれてしまう状態を作り出してしまうと，「共感」ではなく単なる「同情」となってしまう。

もちろん同情する気持ちは否定しないが，客観的評価をする「As if〜」の関係の「共感」と違い「同情」は，ある限度を超えたとき，飼い主さんを切り捨ててしまう（つらくてもう無理という感覚：対極行動）危険性があるので「同情」ではなく「共感」しなければならない。

③「支持」

「受容」した上でさらによい部分を積極的に認め，承認の態度を相手に表明すること

「支持」は，受容に似ていて共感に近い心の動きもあるが，臨床心理学的には異なるものである。定義は，「受容」した上で，さらによいところや，その人なりに努力している部分を積極的に認め，「それはそうですよね」「よく今まで努力してきましたね」「よくできました！」などと承認の態度を相手に表明することである。日常においてケチをつけられたり批判されたりすることはあっても，褒められることは少ないため，「支持」は自己受容の原動力になる（前向きに頑張れる）。

「共感と支持：心の通じ合いとそれに附随する承認」

飼い主さんの表現する感情は，一般的に苦しみであるが，その苦しみを理解すること，つまり罹患動物や飼い主さんが苦しいときは獣医師（動物看護師）も苦しい，罹患動物や飼い主さんが楽になったときは，獣医師（動物看護師）も喜びを感じる，これが「共感」となる。よって，罹患動物や飼い主さんの痛みを和らげることができないまま，そばに居続けなければならないという義務を自らに負わせるとき，獣医師（動物看護師）も違った意味で苦しみをともに背負うことになる。そういった思いが飼い主―獣医師（動物看護師）関係には必要である。

しかし，マニュアル的に，例えば「それは大変ですね」と感情移入せずに言葉を発したり，愛想笑いを繰り返すと，飼い主さんはこのような偽物の共感を見分ける力を持っているため，うわべの「同情」や「それは大変ですね」といったおざなりな「支持」ではなく，それに附随する心と態度を用いた「共感」が重要であるのは言うまでもない（図1-2-7）。

▶ 図1-2-7 うわべだけの，おざなりな「支持」は禁忌

④「臨床能力」

頭と手先（経験），飼い主への対応という力

前述したカウンセリング技術を利用した飼い主―獣医師（動物看護師）関係は，「対等な2人の人間」としての平等な人間関係であると同時に，「援助の専門家としての獣医師（動物看護師）と，援助される側としての罹患動物を持つ飼い主」という一種の役割関係でもある。

したがって，医師に要求される最後の条件は，援助の専門家としての臨床能力である。臨床能力とは，臨床に対する「知識」「技術」そして臨床家としての「態度」の3つの要素からなる。逆に，医療行為が正しく行われていても，罹患動物や飼い主さんに対して態度が悪かったら信頼関係も構築できず，罹患動物を治してあげたいという気持ちが強くても，最良の医療が自らのために飼い主さんに受容されないこととなる。これが臨床能力の「態度」である。

さらにこの3要素に加えて，臨床医はまず罹患動物（時に飼い主さん）が持っている健康問題について必要な情報を，五感を使って得る（見る，聴く，触れる，嗅ぐ，味わう，感じるなど）能力，つまり「情報収集能力」と，収集した情報を自分の持っている「知識」や「経験」と突き合わせて総合的に判断するというプロセス，つまり「総合的判断力」なども必要である。

つまり知識だけで医療行為ができるほど甘くはないと言える。例えば，いくら「知識」があっても採血が苦手であれば，検体が採材できないため検査が実施できなかったり，採血した血液が凝固や溶血してしまっては，検査結果の評価が不可能となる。静脈内留置が苦手であれば，必要な薬剤の投与や輸液もできず，必要な治療すら提供できないわけで，最低限の「技術」が必要なのは言うまでもない。

● 飼い主さんへのインフォームド・コンセント

飼い主さんに罹患動物の病気を理解してもらうためには，問題点についての説明と今後の計画についての話し合いが必要となる。しなしながら，飼い主さんから「獣医師（動物看護師）からの説明が

少ない」といった訴えは少なくない。また，近年インフォームド・コンセントに対する認識や動物への意識の高まり，インターネットの普及により情報獲得が容易になったことなどから，飼い主さんの関心や医療への参加意識が高まり，獣医師主導ではなく，飼い主さんと一緒に今後の治療計画を決定し，飼い主さんの自己決定権を尊重する飼い主主導の獣医療面接がますます重要となっている。

「無知の知」

　恥ずかしながら，著者は経験の浅いときほど何でも知っている気でいた。知識を深め，経験を重ねるたびに知らないことの多さを知り，「無知」であるということを強く認識するようになった。言うまでもなく人間は世界のすべてを知ることはできない。他人の無知を指摘することは簡単であるが，同じように自らの無知をも認識しなくてはならない。ギリシアの哲学者ソクラテスは知恵者と評判の人物との対話を通して，自分の知識が完全ではないことに気がついた。言い換えれば無知であることを知っている点において，知恵者と自認する相手よりわずかに優れていると考えたという。また，知らないことを知っていると考えるよりも，知らないことは知らないと考える方が優れている，とも考えた。これが「無知の知」である。論語においても「知るを知るとなし，知らざるを知らずとなす，これ知るなり」という言葉もある。医療は日進月歩である。常に知らない怖さを知り，無知であることを認識していれば謙虚になり，知識を深めることに貪欲になるはずであろう（小沼 守，臨床獣医師のための読問術 第7回「伝えたつもり」，2011 (10), CAP）。

　加えて，著者が好きな高名な2名の先生の自らを鼓舞する言葉を紹介する。

　病を癒やすは小医，人を癒やすは中医，国を癒やすは大医．せめて中医になれるように努力しなさい（天野 篤：順天堂大学教授，「熱く生きる」セブン＆アイ出版，2014より）。

　医師に知らざるは許されない．医師になるというのは身震いするほど怖いものだ（河崎一夫：金沢大学名誉教授，「私の視点」朝日新聞，2002より）。

第2章
獣医療面接をはじめよう

- 獣医療面接の構造と準備
- かかわり行動（非言語的メッセージの一群である受容的・共感的な基本的態度）

獣医療面接の構造と準備

かかわり行動（非言語的メッセージの一群である受容的・共感的な基本的態度）

Keyword

統合的カウンセリング教育法（マイクロカウンセリング法）　かかわり行動
基本的傾聴の連鎖　積極技法　非言語的メッセージ　身体言語　バイアス

「第1章　獣医療面接の基礎知識　基礎知識2　獣医療面接が持つ3つの役割（目的）」では獣医療面接の基礎知識の後編として，基本的技法を用いながら獣医療面接を進めていくために必ず理解しておかなければならない，獣医療面接が持つ3つの役割（目的）と，その役割を担う総論的な方法について解説した。第2章では，それら技法をもとに行う獣医療面接技法の構造を理解しながら，獣医療面接をはじめる前の具体的な準備，心構えについて解説をする。

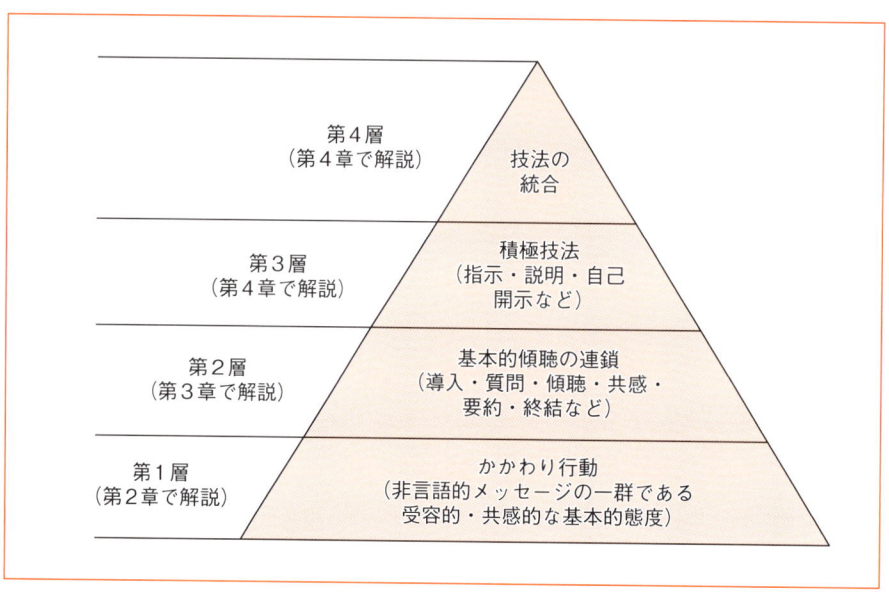

▶ 図2-1-1　医療面接技法の階層構造
出典）アレン・E・アイビイ著，福原 真知子他訳：マイクロカウンセリング—"学ぶ-使う-教える"技法の統合：その理論と実際．川島書店，東京，1985．

● 獣医療面接技法の構造

　人医における医療面接の個々の技法を分類し，その機能を大まかに構造化して理解しようとするときに役に立つのが，アレン・E・アイビイが提唱した**統合的カウンセリング教育法（マイクロカウンセリング法）**であり，その構造を図2-1-1に示す。これは，そのまま獣医療面接技法の構造にも当てはめられる。

　獣医療面接の根底は非言語的メッセージの一群で，受容的・共感的（相手を受け入れ共感する）な基本的態度である「**かかわり行動**」により，言語的医療面接を支える背景・雰囲気（コンテクスト）がつくられ，それを第1層と言う。

　次に根底の態度に支えられる形で，第2層には"情報を聴取しながら，飼い主さんの感情を受け止め，良好な飼い主―獣医師（動物看護師）関係を進展させる"機能を発揮する技法の一群が位置し，これを「**基本的傾聴の連鎖**」と呼ぶ。この中に積極技法以外の面接技法のほとんどすべて（導入，質問，傾聴，共感，要約，終結など）が含まれる（これらの詳細は第3章で解説する）。

　第2層まで修得すると，有効で適切な病歴聴取を行う基礎を学んだことになる。よって，獣医（動物看護）学生や若手獣医師（動物看護師）が臨床現場で飼い主さんと実際に接するためには，最低限，第2層までは修得する必要がある。

　その上で，第3層は，説明や，教育といった獣医師（動物看護師）から飼い主さんへの働きかけのための技法であり，「**積極技法**」と呼ばれる（詳細は第4章にて解説する）。

　これらすべてを修得して初めて，第4層の「技法の統合」が可能となる。ただし，技法の統合には大学での教育だけでなく，卒後教育も含め，継続的な教育・訓練が必要とされる。

● 獣医療面接をはじめる前に（準備）

　獣医療面接をはじめるには，飼い主―獣医師（動物看護師）間のコミュニケーションを確立する必要がある。その「かかわり行動」（第1層）には，主に**非言語的メッセージ**が重要である。その飼い主―獣医師（動物看護師）間の良好な関係をつくるためには，「私はあなたに関心を持っています。私はできる限りあなたの役に立ちたいのです。どうぞ自由に自分を表現してください」という意思を伝えなくてはならない。

　飼い主さんに受容や共感，尊重されていると感じてもらうための「かかわり行動」の要素には主に，①場所・時間，②服装・身だしなみ，③姿勢・位置，④視線，⑤身体言語，⑥言葉使い・声の調子，医学用語など，⑦獣医師（動物看護師）自身の個人的問題やバイアスが面接に与える影響を最小限にする，⑧目の前の飼い主に注意を集中する，などがある。それらを以下に解説する。

①場所・時間

　人の医療面接を実施する部屋は，患者さんが心地よさを感じるように，静かで，プライバシーが保たれ（集中力も上がる），第三者の出入りなどがなく落ち着いて話せる場所を選ぶ。特に，専用の面接室を準備できるのであれば最良であるが，ない場合，人の出入りを遮断したりできる外来診察室やカンファレンスルームでも可能である。あるいは個室ではない場合，パーテーションやカーテンで仕

切るなどの工夫で十分である。時に壁の色，照明の色や明るさ，温度，音といった部屋の環境は，患者さんの安らぎにも影響（非言語的メッセージ）を与えるため，患者さんがリラックスできる環境づくりに努める必要がある。

人医での面接時間は，患者さんにとって一番気分のよい時間や，面接後に家族と時間を共有できる時間帯を選ぶとよいとされている。また，心理カウンセリング（精神科面接も含む）における面接時間は，カウンセラーが集中して傾聴できる限度の40～50分間，長くても1時間としている（國分康孝, 1979）。時間を制限する他の理由として，患者さんの体調への配慮はもちろんのこと，時間制限のない面接ではすべての気持ちの表現を強いられてしまわないか，という印象を与えてしまう不安への配慮，さらに患者さんの自己中心性の助長（わがままな意向）などを低下させるためでもある（国分康孝, 1979）。

しかし，獣医療面接にこの医療面接をそのまま外挿するのは難しい。日々の診療の中では時間がないことだけでなく，動物が落ち着かない（＝飼い主さんも落ち着かない）などの理由もあり，困難なことが多い。ただし，獣医療面接はあくまでも臨床心理学的カウンセリングではないため，すべての飼い主さんに1時間という時間を設ける必要もない（行動学のカウンセリングや，それにかかわるような疾患などは別）。個々で提供できる範囲内の獣医療面接時間に，できるだけ傾聴しながら援助的な対話を提供すればよい。

具体的な対策としては，可能であれば時間的余裕をとることや，他の飼い主さんや動物との接触を避けるため，時間と場所を予約制や個室などで準備するとよい。それができない場合，特に初診で獣医療面接を行う場合は，せめて時間的に余裕を持つために，「初診の患者様は通常の診察終了時間の30～60分前までにいらしてください」と案内し，診察の終了時間ぎりぎりでの来院を避けてもらうとよい。

獣医療面接には飼い主さんと罹患動物の関係もあるため，医療面接より多くの時間が必要である。どうしても落ち着いた獣医療面接ができないなら，カウンセリング的に，獣医療面接だけを目的として，飼い主さんのご都合に合わせ，診察とは別の日，別の時間帯に飼い主さんだけ来院してもらい，行う方法でもよい。

②服装・身だしなみ（図2-1-2）

獣医師（動物看護師）の服装や身だしなみもまた，よい雰囲気づくりのひとつのツールである。中には，金髪でモヒカン，鼻ピアス（それ自体を否定しているわけではない）でも，腕（技術）が天下一品という獣医師（動物看護師）もいるかもしれないが，それはそれで飼い主さんに受け入れられていればそれ以上言うことはない。しかし欧米と違い，日本におけるいわゆる普通の獣医師（動物看護師）なら，やはり清潔感のある服装や身だしなみをしていた方が受け入れられやすい。

白衣がひどく汚れていたり，毛だらけであったり（動物を扱う仕事なので多少は仕方はないが），ボタンが取れていたりしたら，"この病院は衛生環境の不備がある"とか，"そんなことにも気がつかないなら，患者側の心の痛みも分からないであろう"と思われてしまうこともあるだろう。服装や身だしなみは，信頼関係の構築の妨げになる危険性があるため，配慮する必要がある。

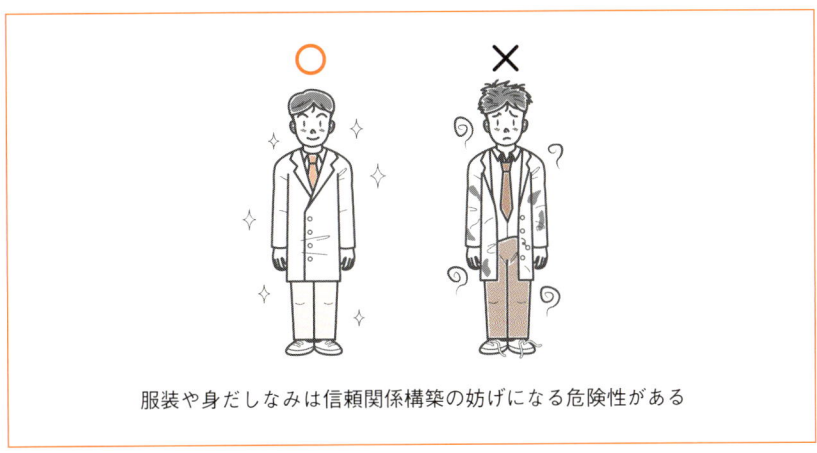

▶ 図2-1-2　服装・身だしなみ

③姿勢・位置

　著者が病院にかかったとき，医師が椅子に座り，パソコンやカルテに向かったまま，私（患者）の顔を1回も見なかったり，椅子がたいそうよいものなのか，ふんぞりかえっている医師もいた。何ともお偉い先生なのだと思って話を聞いていたが，自分が心底受け入れられているという感じはせず，あまり気分のよいものではなかった。

　獣医療では，立位での対応も多いが，椅子に座って相手の顔を見やすいよう，少しでも対面した位置をとった方がよい。著者は，罹患動物を抱え身動きが取りにくい飼い主さんの場合は，自分がそばに寄って話を聞いたり，説明をしたりしている（時に膝をつく場合もある）。飼い主さんとの距離は，あまり遠すぎても受け入れられていない印象を与えてしまうし，逆に近づきすぎても（説明に熱中して自然と近づく場合もある）威圧的になることもある。そのため，目的に合わせ，飼い主さんや罹患動物に安心感を与える，一定の距離感を保ちながら対面する必要がある。

④視線（図2-1-3）

　欧米人と違い，日本人は100%視線を合わせて話す文化ではない。そのため，100%視線を合わせると恐怖や敵意（相手から攻撃される）を与えてしまうことがあり，相手によっては注意が必要であるが，基本的には視線を合わせた方が印象はよい。姿勢・位置でも述べたが，飼い主さんの顔を見ず，カルテばかりを見て話したり，パソコンの入力に時間をかけている獣医師（動物看護師）は，飼い主から「真剣に話を聞いてくれない」と思われ，信頼されないことが多い。

　医療面接や臨床心理学の先生は，診療面接中は，メモ程度のみでカルテの記載をせず，面接終了後に細かくカルテ記入を行う方が多い。かくいう著者もその1人だが，自分が飼い主さんの話を真剣に聞いているという態度を示すことと，こちらの質問などに対する飼い主さんの顔色，表情，しぐさなどを観察して情報の評価（真意の確認など）をしているからである。

　ただし，獣医療面接では飼い主さんにすべての視線を合わせるのは困難であり，動物にも視線を合

▶ 図2-1-3　視線

わせないと，動物が嫌いなのかと思われ信頼関係が生まれない。できるだけ動物に視線を合わせて話しかけたり褒めてあげたり，触わったりしながら，ときどき飼い主さんにも視線を合わせ，話を聞くというスタンスでもよい。

⑤身体言語

　いわゆる身振り手振り，ちょっとしたしぐさ，癖などに表される非言語的メッセージである。例えば，興味がないときにボールペンをもてあそぶ，緊張したら頭をかく，相手の話が長いときは時計をちらりと見る，話題を変えるときに座り直す，などほとんどの場合，当人はこういった行動を意識していない。また，嘘をついている人の行動として，自分の身体をやたらと触る，目をそらす，瞬きが多い，落ち着かない，早口になるなどがあるが，そういった行動をしていないか注意して対応しなくてはならない。

　飼い主さんの身体言語表現を観察すれば，その心理状態をかなり把握できる。例えば，腕組みは一般的に防御のメッセージであるため，もし飼い主さんが腕組みをしながらこちらの話を聞いている場合は，自分が受け入れられていないと認識し，対応策を考えるべきである。一方，こちらから表現する身体言語の例としては，一生懸命に説明するときに大げさな身振り手振りが出ることがあるが，それは相手に一生懸命さを伝える手段の身体言語であるので利用してもよい。

⑥言葉使い・声の調子・医学用語（図2-1-4）

　飼い主―獣医師（動物看護師）との関係は対等であり，上下関係はない。ましてや他人，特に初対面の人に対して丁寧な言葉使いをすることは，我が国では一般的な表現である。

　時に飼い主さんが友人のような，ざっくばらんな話し方をすることがある。例えば初診で，「これっ

▶ 図2-1-4　言葉使い

て○○なんでしょ，治るの？」と飼い主さんに言われたとする．このような飼い主さんを素直に受け入れる獣医師（動物看護師）がいたとしたら，よほどの修行のお陰で悟りの境地なのかもしれない．著者はかつて，こういった場合，いつも以上に丁寧な対話を心がけ，「あなたの言動は幼稚であり，本来はこういった対話をするべきですよ」という思いを，非言語的メッセージで伝えることがあった．

しかし，これは人としての器の小ささであり，相手に対抗して（罰を与えて），行動を修正させようとする逆説的な態度（寝坊している子供に「ああ，そうやって寝坊していればいいじゃない！」というような表現をして従わせること）であり，短期的には行動が修正されているように見えるが，本質的な行動修正とは言えないのでやるべきではない．

カウンセラーとしての獣医師（動物看護師）は，自分自身の価値観を押しつけることなく，裁かず，とがめず，行動を治そうとせず自然体でいること，つまり自分の価値観を捨て，相手に批判的な自分をも受容しながら，傾聴する必要がある．

このように飼い主さんと獣医師（動物看護師）の対話がかみ合わない場合は，飼い主さんの満足度は高いかもしれないが，獣医師（動物看護師）が不満なので両者の関係は対等とは言えない．しかし，現実的には情報を聴取しなくてはならないという獣医療面接において，できるだけ飼い主さんの満足度を上げなくてはならず，時に獣医師（動物看護師）側の心構え次第で対等になるよう相手に批判的な自分をも受容することも必要である．逆に抑圧的な態度により受容を強要させる獣医師（動物看護師）の場合は，自然と相手（飼い主さん）に価値観を強要することになるため，そのような態度は避けなければならない（國分康孝，1979）．

ただし，飼い主─獣医師（動物看護師）関係が対等であり，信頼関係が構築できていれば，ざっくばらんな対話をしても問題はないこともある．著者は長年通って頂いている飼い主さんとは，動物の話よりまず，飼い主さんの体調や髪型（セクシャルハラスメントにならないように配慮が必要），服

装の話，気候や最近のニュースなどを話題の優先にすることが多い．これも信頼関係の継続には大切なコミュニケーションとなる．

　また，広義の言語的メッセージに含まれるものに，声の調子，つまり声の高さ，速度，アクセント，間のおき方，発音のタイミングがある．どんなに丁寧に分かりやすい内容（コンテント）で飼い主さんに伝えていたとしても，これらをうまく配慮していないと「冷たい」「キツイ」「興味がない」などの非言語的メッセージが伝わってしまうので，注意する必要がある．

　次に医学用語もできるだけ用いず，分かりやすい言葉で説明や質問をする必要がある．例えば，「しょうじょう＝具合の悪いところ」，「けいか＝その後」，「ふかいかん＝嫌な感じ」，など我々が何気なく使ってしまう用語でも，飼い主さんには理解できないこともある．飼い主さんの顔色を見ながら，飼い主さんの理解度を探りながら，獣医療面接を進めなくてはならない．

　しかし，医学用語が必要なこともある．問題なのは，医学用語を説明なしに使用することで，その理解が得られないことである．飼い主さんに医学用語や専門用語を理解してもらうことは，その後に継続する診療に大いに役立つこともあり，利点にもなり得る．これも一種の飼い主教育と言える．使い方としては，医学用語の後に解説をすればよい．例えば，「目の強膜，いわゆる白目の部分の充血がひどいですね，これは・・・」など，飼い主さんの顔色を見ながら，話の流れで説明を加えるとスムーズであり，理解されやすい．

⑦獣医師（動物看護師）自身の個人的問題やバイアスが面接に与える影響を最小限にする

　過剰な労働時間（疲労すればイライラし，集中力が低下する），職場の人間関係，個々の性格などが原因で，特に頑張りすぎている獣医師（動物看護師）が仕事に対して興味を失ってしまうことがある．これはいわゆる"燃え尽き症候群"と呼ばれるものである．うつ病，不安障害，不眠，アルコール依存症，家庭内不和など，様々な問題を起こしてしまう危険性がある．労働条件などの問題もあるが，できるだけ仕事とプライベートとのバランスに気を配り，十分な休養や規則正しい生活を心がける必要がある（時間はつくるものである）．

　また，獣医師（動物看護師）自身の心の内面（喜怒哀楽），個人的な動物に対する価値観などのバイアス（偏見や先入観）を全面に押し出しすぎると，飼い主さんによってはうまくいかない．そのため，このような場合は，もう1人の客観的自分をつくり，自分に問いかけながら獣医療面接を行うよう努力する必要がある．

　時に，獣医師（動物看護師）自身が飼い主さんから受けた不快な感情により，不快な対応を余計にしてしまうことがある．精神医学では面接者が相手を理解しようとして受ける感情は，しばしば相手の感情が反映したものの可能性があるといわれている（土居健郎，1992）．つまり，獣医師（動物看護師）が飼い主さんから不快な感情を受けたと感じる場合，それは飼い主さんの今の感情なのかもしれないと考えるべきである．何か個人的に問題を抱えているのか，または獣医師（動物看護師）に対して不信感があるのか，なぜそんな対応をするのかと，できるだけ理解しようと心がければ，少しは感情に流されず傾聴できる可能性がある．

⑧目の前の飼い主に注意を集中する

　直前の診療で失敗があった，または以前，同じような症例で失敗があったなどの個人的経験は棚に上げ，目の前の診療に集中する必要がある。また，面接がスムーズに進むよう診察前にカルテを見直し，既往歴や現症などの情報や，方針を再確認して臨むことも必要である。

　また面接時，メモやカルテを書くことに集中しすぎてコミュニケーションを妨げないようにすることも必要である。これは医療面接でのコミュニケーション技能の基本であり，英国の報告では，医師がカルテを見た瞬間，患者は話を止めてしまう，また，カルテを見ながら患者の話を聴いている医師は，患者の話を聞き逃したり，忘れたりしやすいことが報告されている（向原　圭，2006）。前述したが著者も，診察時はメモ程度以外ほとんどカルテには記入せず，そばにいるスタッフに記載してもらうか，診療終了後に記載するようにしている。ちょっとした配慮だが，これもひとつの技法となる。

+PLUS 姿勢

　人医の医療面接では患者さんと机の端で90度で座り，斜めの姿勢で対話するとスムーズな医療面接が可能となると考えられている。これと同様に，会社内でも上司に悪い報告をする場合は，斜めから近づいて報告した方がよいらしい。どの世界もこういった心理学的側面が応用されているようだ。（渋谷昌三，2012）

+PLUS 白衣性高血圧

　人医療では，白衣（白衣を着ていなくても医師と分かるなら同様）を見た患者さんの血圧が上がってしまうという，いわゆる「白衣性高血圧」が知られている。そのため近年では，在宅で血圧を測ることが推進されている。

　獣医療ではどうであろうか。あくまでも緊張するのは飼い主さんであり，動物はそうではないと考える方がいたら，それは大きな間違いである。もちろん全くの初診なら，"白衣＝何かされる"という緊張感は動物にはないはずであるが，言うまでもなく動物病院という異質な空間であるというだけで緊張するし，特に犬は飼い主さんの緊張を感じてしまうことで，さらに緊張感を高めてしまうはずである。

　例えば，尻尾を振って愛想を振りまいている犬は緊張なんてしていない，と思ってしまいがちだが，犬にとっては，実際にはこの場所をうまくクリアしよう（乗り切ろう）とする行動，つまり獣医師に変なことをしないでもらいたいという訴えが背景にあり，甘えている動作のこともあるからである（尻尾の振り方の違いで分かる）。増田らの報告（2013）では，犬と猫における「"動物病院"と"家"」，動物病院における「"獣医師のみの血圧測定"と"飼い主同伴の血圧測定"」には大きな差があったとしている。測定法や測定機器の精度の問題を除外したとしても，やはり獣医療においても白衣性高血圧はあると言ってよいであろう。

+PLUS 医学用語の理解度

　我々は何の気なしに医学用語を使っているが，飼い主さんにすべてを理解して頂くことは難しい。そこで著者は専門的な医学用語を使う場合は，できるだけ解説を加えるようにしているが，実際のところ統計をとったことがないのでどの程度ご理解頂いているか心配していたところであった。そんな折，2015年に木村らが110名の来院者にアンケート形式で調査した結果を「動物病院における医学用語の理解と誤解」として発表した（木村裕哉，家内一亨他，2015）。

　この論文によると，理解度の点推定値は2.0〜99.0％で，誤解度は0.0〜32.4％であった。さらに内容を細かくみてみると，ごくごく一般的な医学用語である糖尿病（99.0％）や副作用（93.1％），セカンドオピニオン（81.8％），貧血（81.6％）などは理解度が80％以上と高く，啓蒙の進んだフィラリアも89.3％と理解が得られている。しかし一般的に使用されるショック状態（66.0％）や対症療法（49.5％），精査（40.0％）は，比較的理解が得られていない結果となった。

　一方，理解度が低いものとしては，浸潤（24.3％）や寛解（19.8％）は難しい医学用語なので納得できるが，スケーリング（22.7％）は予想よりかなり低い数値であり，ズーノーシスは2.0％とひどいものであった（歯石除去や人獣共通感染症や動物由来感染症と言えば分かりやすいのかもしれない）。

　さらに誤解度では，副作用（32.4％）や対症療法（30.6％）が上位に入っている。そこで注目すべきは，「副作用」だが，理解度が93.1％にもかかわらず，誤解度も32.4％と高い結果が出ている。我々が何の気なしに使っている「副作用」については，理解度は高いのに，一部の人には誤解されている可能性があるという何とも不思議な結果であった。こういった結果を我々獣医療従事者は真摯に受け止め，副作用だけでなく他の医学用語も説明時には必ず補足しなければならないと，考えさせられる報告であった。

第3章
獣医療面接のプロセス

導入・質問　獣医療面接のプロセスの概念モデル①②
傾聴（共感・支持）　獣医療面接のプロセスの概念モデル③
焦点づけ，要約・確認　獣医療面接のプロセスの概念モデル④⑤
聴取，最終要約・確認，身体検査，終結　獣医療面接のプロセスの概念モデル⑥〜⑨

導入・質問

獣医療面接のプロセスの概念モデル①②

---
❶ Keyword

面接の導入　開かれた質問　閉ざされた質問　中立的な質問　傾聴　焦点づけ

　第2章では，獣医療面接技法の構造を理解しながら，具体的な獣医療面接をはじめる前の準備，心構えについて解説した。第3章では，さらに具体的な技法として「獣医療面接のプロセス」と題し，面接の導入から終結まで解説する。

● 獣医療面接のプロセス

　医療面接のプロセスには，様々な概念モデルがあるが，ひとつのモデルであるCalgary-Cambridge Guideを向原氏が改変したものがある（向原 圭，2006）。

　その特徴は，①理論的・科学的根拠への配慮（過去数十年間の患者-医師関係に関する研究結果から，患者へのアウトカム（成果）による患者と医師双方の満足度の高さが，理論的・科学的根拠により裏付けされている），②医療面接のマニュアル化という批判への配慮（医療面接に必要なコミュニケーション能力を，9領域27項目の行動目標として設定），③コミュニケーション能力に大切な身体診察，および患者教育への配慮，の3つに分かれる。

　また，Calgary-Cambridge Guideとは異なる手法をとる，斎藤氏による医療面接のプロセスも報告されている（斎藤清二，2000）。それは患者さんの話を引き出し，感情を受け止め，内容を確認するという「基本的な傾聴の連鎖」に属する技法をもとに流れる方法である。

　もちろん，必ずしもこれら概念モデルの順番どおりに面接が進んでいくとは限らないが，こうした一定の枠組みをイメージしておくことで，医療面接を系統的に，見落としなく行うことができると考えられる。これら医療面接のプロセスを著者なりに解釈して改変し，獣医療面接のプロセスの概念モデル（案）として図3-1-1に示した。まずは，その詳細について解説する。

● 導入：図3-1-1　概念モデル①

面接の導入

　飼い主さんと獣医師（動物看護師）は初診の場合，全くの他人なので，出会って最初のコミュニ

①面接の準備・導入	飼い主の不安と緊張を取り除くための，面接の場の環境を整備し，あいさつ，自己紹介，プロセスの説明をする	
②主訴および現病歴に対する開かれた質問	飼い主自身の言葉で自由に語ってもらえるように質問をする	
③傾聴（共感・支持）	回答として得られた自由な表現を，言語的，非言語的メッセージを送りながら，相手の話を決してさえぎらずに，感情的に一致し，常に肯定的関心を持って耳を傾け続ける	
④閉ざされた質問（焦点づけ技法により，もれなく情報を得る）	答えを限定させることにより，必要な情報を効率的に得る。主訴は，いつから，どのような経過で？ どこが？ どんなふうに？ どのくらいの時間？ どの程度？ どういうときに？ 影響する因子は？ 随伴症状は？ などを聴き，解釈モデル，不安の内容や希望なども聴く	
⑤要約と確認	飼い主の物語りを整理し，飼い主と獣医師の共通の理解を高め，信頼関係を構築する	
↓問題点が複数ある場合は②〜⑤を繰り返す		
⑥既往歴・社会的背景に対する②〜⑤のプロセスによる病歴聴取		
⑦最終要約と確認	情報を共有できたか再確認する	
⑧身体検査		
⑨終結	次につながる関係強化のメッセージを伝える	

左側：非言語的メッセージに注意を払う／飼い主の感情を認識し，言葉をかける／意思決定のプロセスを共有する／飼い主との良好な関係の構築

右側：時間に注意を払う／要約を活用し，流れを再構築する／面接の流れを飼い主と共有する／効率的な面接の流れの構築

▶ 図3-1-1　獣医療面接のプロセスの概念モデル（案）

ケーションは，病歴聴取と呼ばれる獣医療面接となる。この出会いをうまく行うために，系統立ったアプローチにするのが「導入」の技法である（図3-1-2）。

導入の目的

　知らない者同士が初めて出会うとき，その場に生じるものは不安と緊張である。人の医療面接では，最初の数十秒から数分に問題が起こっており，しかも医師は，面接がはじまった早いうちから（平均18〜23秒），患者の話をさえぎり，面接の内容と流れをコントロールしがちであるとの報告もあり，導入の仕方が大変重要であると言える。

　飼い主さんは罹患動物の不安だけでなく，「この動物病院ではきちんと診てもらえるのか」「苦手な獣医師だったらどうしよう」「自分の訴えを聞いてくれるのか」などと不安を感じ，緊張しながら動物病院に来院する。

　また飼い主さんだけではなく，若手，ベテランに限らず獣医師にも不安と緊張が生じる。「自分の

導入・質問　獣医療面接のプロセスの概念モデル①②

```
a. 声を大きくはっきりと話す
b. あいさつ・自己紹介
   「はじめまして」「お待たせしました」＋α
c. 罹患動物と飼い主の名前（ふりがな）の確認
   （さりげなく飼い主や罹患動物の名前を言う）
d. これから行われることの説明と同意
   （不安の軽減・トラブル防止目的）

「友人から何らかの相談を受ける」的雰囲気づくりが大切！
```

▶ 図3-1-2　獣医療面接の導入

▶ 図3-1-3　不安と緊張

意見を受け入れてくれるだろうか」「手に負えない病気だったらどうしようか」などである。根拠のないプライドばかりある獣医師ほど，こういった不安や緊張を表に出さないように，また，それらを解消しようと飼い主さんに対し威圧的な態度をとってしまう（図3-1-3）。

よって獣医療面接をする前に，お互いの不安と緊張を和らげるために以下の導入法を用い，できれば非言語的メッセージである相手を安心させる視線やボディーランゲージなどを加えながら，「友人から何らかの相談を受ける」ような雰囲気をつくるようにしたい（渋谷昌三，2012）。

a．声

声が小さいと相手に不安感を与えるので，できるだけ大きく，はっきりと話をする（図3-1-4）。

b．あいさつ・自己紹介

「はじめまして」，「お待たせしました」だけでなく，時に世間話的な会話も加えるとよい。「雨の中（暑い中）いらして頂きありがとうございます。はじめまして，獣医師（動物看護師）のAです。ワンちゃんや飼い主さんは雨に濡れません（暑さで疲れません）でしたか」などである。

見知らぬ者同士が初めて出会うとき，お互いに自己紹介し合うのは自然なことなのだが，時に獣医師（動物看護師）の中にはこれができていない人がいる。飼い主さんと獣医師（動物看護師）は対等であるべきなので，必ず「獣医師のAです。Bちゃんを診察させて頂きます」と自己紹介するべきであ

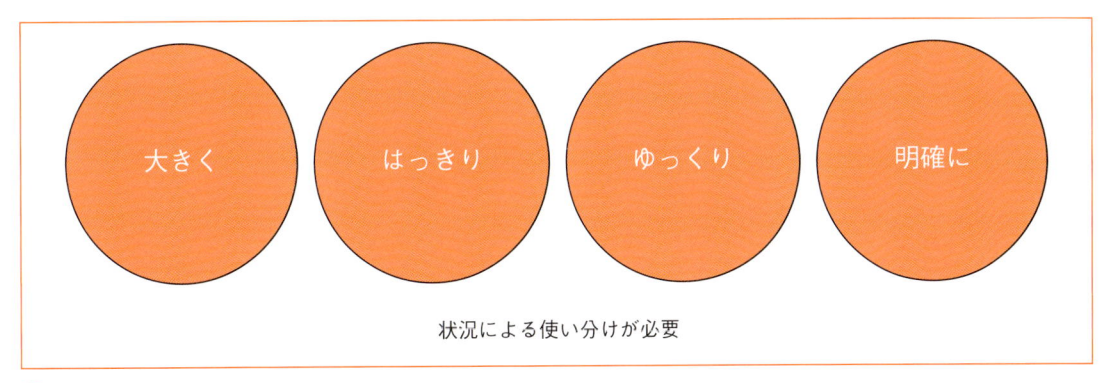

[図: 大きく／はっきり／ゆっくり／明確に　状況による使い分けが必要]

▶ 図3-1-4　声は言葉以上に意味を持つ

[図: 獣医師「お待たせいたしました。はじめまして。獣医師のAです。Bちゃんを診察させて頂きますね!!」　飼い主「よい獣医師さんかも…。少し安心できるわ」]

▶ 図3-1-5　あいさつ・自己紹介

る（図3-1-5）。そうでなくても一般に飼い主さんは，獣医師の機嫌を損ねないように気を遣い，言葉を選んで話をしていることが多い。そんな背景の中，自己紹介もせずに診察に入ることは，余計に緊張感を増幅させてしまうことがあるので避けるべきである。

　獣医（動物看護）学生の実習中でも同様である。飼い主さんによっては，「気を遣う」獣医師（動物看護師）なのか，「いい意味で気が緩み本音が言いやすい」学生なのかも明かさずに診察室で対応すると，飼い主さんによっては，どう対応してよいか，戸惑う方もいる。よって，学生なら「私は学生のAです，臨床実習の一貫として参加しております。Bさんの話を聞かせて頂いてよろしいでしょうか」と伝えるべきである。

　もし事前に初診カルテを見て，遠方からの来院と分かっている場合は，「遠いところ，いらして頂きありがとうございます」や，久しぶりの来院の場合は「Bさん，お久しぶりですね，こういった場所はお久しぶりの方がいいですけどね」などもある。もし，対人関係が苦手な場合は，深く頭を下げるだけでも好印象を与える。

c．罹患動物と飼い主の名前（ふりがな）の確認

　名前の間違いは大変失礼なので，事前に初診カルテの「ふりがな」も確認しておく。もし「ふりがな」が記載されていない場合は，「大変失礼ですが，お名前はAさんとお呼びしてよいのでしょうか」などとお聞きするとよい。たまに，飼い主さんのお名前がひらがなであるときがあり，つい動物の名前と間違えて呼んでしまう…なんてこともあるため，事前の確認は忘れずに行うべきである。

　また，会話の中で名前を入れながら対話すると飼い主さんは受け入れられている印象を持つ。

d．これから行われることの説明と同意

　飼い主さんが診察室で不安と緊張を感じる中，これから何をしていくのかを伝えながら進めないと，余計に不安をあおることになる。

　飼い主さんに「これから病気の原因についての情報を頂きたいので，お話を少し聞かせてください。その後に身体検査をさせて頂きます，よろしいですか？」「飼い主さんの生活や体質，時に性格などがAちゃんの病気に関連することがあるため，中には一見関係のないような細かい質問もさせて頂きますが，できる範囲内で構いませんので，お答えください」など，これから行われることを説明し，同意を得ながら進めると不安は軽減される。

　これらは診察時だけでなく，様々な医療行為（検査，説明など）の準備・導入時にも，同じようにその技法を用いて対応することが必要である。

● 質問（話を引き出す技法）：図3-1-1　概念モデル②④

　病歴聴取とは質問をすることだけではなく，その答えに耳を傾け，きっちり聴くこと（傾聴）であり，それができなければ獣医療面接とは言えない。その獣医療面接の基本となる質問を適切に行うことが重要である。この技法を習得するには，豊富な獣医学的知識と経験が重要であるのは言うまでもないが，質問の性質と効果を理解すれば経験不足の部分だけなら補うことができる。

　質問の性質と効果の理解には，まず質問の種類を理解する必要がある。質問には「開かれた質問」と「閉ざされた質問」，「中立的な質問」があるが，できるだけ自由な発言を促せる「開かれた質問」を多用するとよい（図3-1-6，3-1-7）。

a．開かれた質問

　目的は，飼い主の答えを限定させず，飼い主さんが一番困っていること，一番訴えたいことを，飼い主さんご自身の言葉で自由に答えてもらうことである。それにより，獣医師（動物看護師）に受け入れられている，という印象を与えることができる。獣医師（動物看護師）は，飼い主さんの"物語り*"（今までの流れと，これからどうしたいかという思いの流れ）を邪魔しないよう，寄り添ってよくお聴きするという態度（傾聴）が必要である（*：ナラティブという。詳細は「第3章　獣医療面接のプロセス　焦点づけ，要約・確認　獣医療面接の概念モデル④⑤」で解説する）。

　もちろん一番苦しんでいることから先に聴くことが自然ではあるが，あまり最初から飼い主さんの話にこちら（獣医師，動物看護師側）から飛びつかないよう，まずは傾聴する必要がある。例えば，

　「どうしましたか？」

　「どんな具合ですか？」

第3章　獣医療面接のプロセス

> ● 獣医療面接の基本：質問と傾聴
> ● 有効な質問には，豊富な医学的知識と経験が重要だが，的確な質問技法で経験不足を補う
> ● 質問の主な種類：
> 「開かれた質問」「閉ざされた質問」「中立的な質問」

▶ 図3-1-6　質問：話を引き出す技法

開かれた質問：飼い主主導
- 飼い主自身の言葉で自由に答えてもらう質問
- 目的：飼い主の満足度（受け入れられているという印象），情報収集の多様化など
- 焦点を絞らない質問（的を射ず長話にならないように注意）

開かれた質問
医師：「本日はどうなさいましたか？」
飼い主：「Aちゃんが昨日から調子が悪くて心配で，私は仕事を休んで……」

閉ざされた質問：獣医師主導
- 「はい」「いいえ」で答えられる具体的な質問
- 目的：飼い主の視点を探る，情報収集の効率化

閉ざされた質問
医師：①いつからですか？　②食欲はありますか？
飼い主：①この1週間です　②いいえ

2つの質問を組み合わせ，時間軸に沿って発現する症状や時期なども含め聴取

▶ 図3-1-7　開かれた質問／閉ざされた質問

「今日はどのようなことで来院されましたか？」
「今，一番困っていることは何ですか？」
など，焦点を絞らないおおまかな質問をする。その後，得られた回答から次に焦点をあてる質問（**焦点づけ**）に移行する。

例えば，「吐いている」と回答されたら，話を明確にしながら内容をふくらませ，「どんな吐き気ですか？どういう吐き気なのか具体的に話してください」といったように，焦点をあてる質問に移行する。

> **開かれた質問の特徴**
> [利点] 飼い主さん側に，自由に話をしているという満足感がある。
> [欠点] 延々と長い話になり，的を射ず必要な情報が得られない場合がある。
> [対策] 長々と話したわりには，まとまらず，要領を得ない場合には，繰り返しや明確化（明瞭化）の技法を用いて，適切なタイミングで内容をまとめ，確認する必要がある。その対応により情報が得られるだけでなく，飼い主さん自身でははっきりと意識できていない事柄を再度確認することができ，自己理解も進み，加えてそれを伝えている獣医師（動物看護師）自身の確認にもなる（岡堂哲雄，2000）（宗像恒次，1997）。

b. 閉ざされた質問

　目的は，質問に対する回答がきわめて限定される一問一答式によって，ひとつの事項を具体的に深く掘り下げることである。ほとんどが「はい」「いいえ」で答えることができる。「開かれた質問」と違い，「閉ざされた質問」はあくまでも獣医師主導であり，獣医師が疑っている病気の徴候がないか（除外診断も含む）という経過をまとめるための質問である。しかし，相当な訓練と経験がないと「閉ざされた質問」のみでは不完全になりやすいため，「獣医療面接」ではできるだけ開かれた質問とともに使用すべきである。

　獣医師が使う場合には，明確な鑑別診断を頭に浮かべながら行わないと何も意味がなくなり，特に経験の浅い獣医師は，途中で質問が尽きてしまい困惑する。この状況は，さらに飼い主さんに非言語的メッセージとして負のメッセージを与えるだけでなく，自由に話をさせてもらえないという不満も生じさせてしまう。

　よって，経験の浅い獣医師は，「閉ざされた質問」を用いる場合，論理的思考（物事を筋立てて論理的に考える能力）を用いながら，系統立てて行えるよう十分な準備が必要となる。例えば，下記のような質問がある。

　「食欲はありますか？」
　「その症状はいつからはじまりましたか？」
　「下痢はありませんか？」
　「熱っぽくありませんか？」
　「ぼーとした感じはありませんか？」

> **閉ざされた質問の特徴**
> [利点] 「はい」「いいえ」が答えの中心なので，テンポが早く，獣医師主導で多くの質問ができ効率的である。飼い主さんは，言葉を選ぶ必要がないので楽である。
> [欠点] 「はい」「いいえ」のほか，よくても「3日前からです」といった回答しか得られないことが多く，不完全になりやすい。

これら「開かれた質問」と「閉ざされた質問」のどちらだけでは，良好な獣医療面接は行えない。両者をうまく使いこなし幅を広げることで，獣医療面接がスムーズに執り行われるのである。つまり「開かれた質問」を用いて，できるだけ飼い主さんの話を引き出し，ある程度の経過が明らかになったところで，鑑別診断のために必要な情報を「閉ざされた質問」で補足するという戦略が効果的である。

▶ ちょっと冷たい感じだが，「今日はどうなさいましたか？」という最初の開かれた質問以外，すべて閉ざされた質問だけで対応してみると以下のようになる

- 獣「今日はどうなさいましたか？」
- 飼「Aちゃん（愛犬）が吐いています」
- 獣「いつからですか？」
- 飼「この1週間です」
- 獣「食欲はありますか？」
- 飼「ありますが少なく，食べても吐いてしまいます」
- 獣「吐くのは，食事の前，空腹時，それとも食後ですか？」
- 飼「そうですね，食後が多いです」
- 獣「食後吐くというのは，食べてすぐですか？」
- 飼「数時間してからです」
- 獣「水は吐きますか？」
- 飼「吐きません」

(獣医師の頭の中)
　どうやら，食欲はまだあり水は吐かない，噴射性の嘔吐ではない，食べることはできるなどから，食道拡張，食道内異物や消化管内異物や腫瘍などによる完全消化管閉塞はないようだな。また，空腹時に吐かないようなので胃潰瘍も違うかも？　食後に嘔吐が出るとしたら胆肝疾患や膵炎，胃内異物，幽門機能不全や何らかの病態による消化管不完全閉塞などかな。それでは血液検査，CRP，Spec-cPL，腹部X線検査，腹部超音波検査を提案しよう。

(コメント)
　この獣医療面接は，早いテンポのやりとりで，お互い（特に飼い主さん）の緊張感がとれず，ちょっと大変という印象がある。また，獣医師自身の経験や先入観などで罹患動物の状態を判断している可能性もある。これで正確な診断を下せれば問題ないかもしれないが，飼い主さんが自由に発言したという満足感は得られていないので，誤診など何かのきっかけで「私の話を聞いてくれなかった」という問題に発展する可能性もある。

▶ そこで開かれた質問を用いて，同じ飼い主さんに話を聞いてみよう

- 獣「今日はどうなさいましたか？」（開かれた質問）

飼　「Aちゃん（愛犬）が吐いています」
獣　「吐くのですね（繰り返し），それは心配ですね（感情言葉への言い換え）。もう少し詳しく聞かせてもらえませんか？」（開かれた質問；先を促すあいづち的）
飼　「はい，たまに吐くことはあったのですが，今回は1週間ほど続いています。1週間前くらいからフードを食べてくれないので，主食用ジャーキーというのを食べさせたらよく食べたので，それで様子を見ていました。でも毎日吐いていましたし，昨日からジャーキーも少ししか食べなくなって，何回も吐くようになってしまったのです」
獣　「1週間くらい前から何かおかしかったようですね。Aちゃんの周りの環境で，変わったことはありませんでしたか？」
飼　「そうですね……。私が仕事をはじめたことくらいかな？　今まで1日中一緒に過ごしていたのですが，10日くらい前から，昼間のパートに出ています。確かに甘えん坊な子ですが，今までも買い物などで留守番はしていましたし，大丈夫だとは思っていましたが，ちょっと気になっていたのは事実です」

（獣医師の頭の中）
　10日前から環境的変化があり，Aちゃんの性格を考えると精神的ストレスによる食欲低下が疑われる。その状況でさらに今まで食べた経験のない食材，しかも消化の悪いジャーキーを与えてしまったようだ。飼い主さんは食欲があると言っていたけど，ドックフードを食べないため7日前から食欲不振だったということだな。ジャーキーなどの脂質による膵炎も考えられるが，単純な急性胃炎ということもあるから，この状況であれば時間的な猶予があるし，しつけの指導も必要になるかもしれない。検査は行った方がよいが，もし検査を望まないなら食事療法と抗胃潰瘍薬で経過を見てもいいかもしれない。

（コメント）
　この例では，「開かれた質問」を重ねることで飼い主さんの話から詳細な背景が分かり，原因となる生活習慣の問題が明らかとなった。この後は「閉ざされた質問」を重ねることで情報はさらに完全なものとなる。もちろん，臨床現場では「開かれた質問」「閉ざされた質問」をはっきり使い分けているのではなく，常にそれらを組み合わせるわけだが，こういった概念を理解しておくと，個々の飼い主さんの性格によってオーダーメイド的獣医療面接が可能となる。

c．その他の質問
c-1．中立的な質問
　中立的な質問とは，閉ざされた質問の1種で，質問に対する答えがひとつしかないものである。例えば「男の子ですか？」「お名前は？」「どこにお住まいですか？」といったものである。準備・導入期に用い，対話のきっかけをつくる質問となる。

c-2．選択肢型の質問

質問の中に選択肢をあらかじめ入れておき，選ばせる質問である。主に「開かれた質問」に対して，なかなかうまく答えられない飼い主さんのときや，「閉ざされた質問」のように獣医師主導で答えを導きたいというときに使われる。

▶ 選択肢型の質問を用いて，獣医師主導で飼い主さんに話を聞くと，以下のようになる

獣 「吐いているということですが，どのように吐いていますか？」

飼 「そうですね，何というか……」

獣 「うまく表現できませんよね。私の聞き方が悪かったですね，すみません。それでは例えば，食べ物が飛び出すように吐きますか？　泡だけを吐きますか？　未消化の食べ物がそのまま出ているとかではありませんか？」

飼 「うーん……」

獣 「違うのですね，ではレッチングというのですが喉に何かがつかえたような吐き気ではありませんか？」

飼 「そうそう，喉に何かつかえたような感じです」

（獣医師の頭の中）
これはもしかしたら嘔吐や吐き気ではなく，発咳かもしれない。

（コメント）
　このように獣医療面接の流れが悪い場合は，具体的なものを提示すると効果的であるが，あまり具体例を出しすぎると，違う答えを無理矢理，誘導（先入観の押しつけ）してしまうことや，飼い主さんの自由な表現を奪うことになるので，「開かれた質問」を効果的に使いながら実施する必要がある。

● 質問をするときに必要な配慮

　家族，仕事，生活習慣などプライバシー*にかかわる質問をする場合には，飼い主さんにとって話したくない内容のこともあるため，「プライバシーにかかわるかもしれませんが，Aちゃんの病気の診断に関係するかもしれませんので，教えて頂いてよろしいですか？」と一言添える（*：人医の医療面接では，女性の体重などもプライバシーにかかわる質問となる）。

傾聴（共感・支持）

獣医療面接のプロセスの概念モデル③

:information_source: Keyword

傾聴　間（沈黙）　あいづち　うながし　繰り返し　明確化　受容　共感　支持

● **傾聴：図3-1-1　概念モデル③**
耳を傾けて聴くこと
　「傾聴」とは，単に相手の話をただ漠然と「聞く（hearing）」のではなく，**相手の話に集中する「聴く（listening）」を基本とし，意見したり，評価したり，誘導するなどしてさえぎることなく，飼い主さんの感情を受け止める聴き方**である。獣医療面接の技法の中で最も重要であり，本項が獣医療面接の基盤であるといっても過言ではない（図3-2-1）。
　具体的には，「感じたことを自由にお話しください。そして気持ちの変化があったら遠慮なくお伝えください。私はいつもあなたのそばについていますよ。ご安心ください」という態度が「傾聴」である。獣医師（動物看護師）は飼い主さんの話をさえぎってはいないかを自覚しながら，それを意図的に脇におき，フォローしていくことが「傾聴」には必要である。
　この「傾聴」を用いると，自然に相手に興味が沸き立ち，同調して，うなずいたり，あいづちをうちたくなっていき，そのメッセージ（非言語的）が相手に伝わり，結果的に「気持ちを分かってもらった」という安心感により，心の安らぎを与えることができる。また，「傾聴」することにより，飼い主

● 相手の話を決してさえぎらず，否定せず，耳を傾け続けること
● 単によく聞く（聞き流す）ことではない！

言語的，非言語的なメッセージを送りながら…

態度：そばに寄り沿い，注意深い関心を向け続け，飼い主が表現するのを待ち，言葉による自由な表現にできるだけついていく

相手に対する興味と関心を持つと自然と質問したくなる

▶ 図3-2-1　傾聴

図3-2-2 傾聴技法を用いない場合

さんが自分の考えや方向性などを再認識することもできるようになるため，さらに飼い主─獣医師（動物看護師）関係の向上につながる。

▶「傾聴」技法を用いない場合（いわゆるよくあるパターン）　図3-2-2
獣 「本日はどうなさいましたか？」
飼 「最近，うちの愛犬の元気がないのです。ご飯もあまり食べないし，痩せてきたようです」
獣 「そんなことはないですよ，体重も前回とほとんど変わらないし，身体検査でも問題ないので，心配いりませんから様子を見ましょう」
飼 「そうですか……」
（コメント）
　これは，飼い主さんの話を否定するだけで，「傾聴」をしていないひとつの例である。これでは獣医師が飼い主さんの話を聞かず，批判的な意見を押しつけているだけで，飼い主さんは何も続けて話すことができない。この批判的な意見の中には，「そんなことは考えなくてよい」というメッセージ（非言語的）が伝わってしまっている。

▶そこで「傾聴」技法を用いると，このようになる（図3-2-3）
獣 「本日はどうなさいましたか？」
飼 「最近，うちの愛犬の元気がないのです。ご飯もあまり食べないし，痩せてきたようです」
獣 「（感じたことを自由にお話しください。そして気持ちの変化があったら遠慮なくお伝えください。私はいつもあなたのそばについていますよ。ご安心くださいという雰囲気で）そうなのですね。それは心配ですね。」
飼 「それでですね先生…」

▶ 図3-2-3　傾聴技法を用いた場合

(コメント)

「傾聴」技法を用いると，このようになる。つまり，「傾聴」の理論・技法については，具体的な会話には表れにくく，飼い主さんと獣医師との信頼関係をつくり上げる考え方や態度，雰囲気などを意味する。その「傾聴」を具現化し，飼い主さんに十分に伝える技法として，間（沈黙），あいづち，うながし，繰り返し，明確化などの技法も組み合わせて行う必要がある。そこで，それら技法に関して解説をする。

● 傾聴法の具体的技法

1．「間」という効果的な沈黙

　飼い主さんが自由に話せるような「開かれた質問」に加え，沈黙を効果的に用いることで間をとりながら，相手の発言を促す。獣医師（動物看護師）だけではないが一般的にこの沈黙に耐えられず，相手の話をさえぎることが多い。逆に獣医師（動物看護師）自身が沈黙することがあるが，飼い主さんに不安感や不信感を与える態度になることがあるので注意が必要である（P.58＋PLUS参照）。

　飼い主さんの沈黙は，**飼い主さん自身の心の葛藤である**こともあるため，沈黙をさえぎらず飼い主さんに十分に考える時間を持ってもらった方がよい。時間の限られた臨床現場ではなかなか難しいが，できるだけ相手を尊重し，時間が許せば飼い主さん自身の言葉で話してもらうまで待ち，その後，飼い主さんが一通り話を終えると沈黙が訪れるので，そのときに初めて獣医師（動物看護師）側から介入する方がよい。

　逆に，どうしても沈黙から脱することができなければ，それ以上介入せず，他の話題に切り替え飼い主―獣医師（動物看護師）関係の向上を目指す方がよい。どうしても飼い主さんからの発言を促したい場合は，飼い主さんが最初に言った言葉を繰り返したり，「今，何を考えているのか，よろしければお話し頂けますか？」といった言葉で介入する。

● あいづち
「うんうん」「へええ」「そうですか」「なるほど」

● うながし（抽象的な質問）
「それで？」「それからどうなりましたか？」

▶ 図3-2-4　傾聴法の具体的技法「あいづち・うながし」

2．あいづち・うながし

　相手（飼い主さん）が話の途中で一息つく間に，瞬間的に聞き手（獣医師，動物看護師）が入れる単語または2，3語を「あいづち」と言う。この「あいづち」があると，相手はきちんと聴いてくれていると感じ，対話の流れはよくなる（図3-2-4）。

　「あいづち」には，相手に同感したときに用いる「はい」「ええ」「なるほど」などの肯定的あいづちと，肯定も否定もしたくないときに用いる「ほう」「はあ」「へぇー」「ホントに？」などの「中立的あいづち」，否定したいときに用いる「いやー」「いいえ」「そんなことはないですよ」などの否定的あいづちがある。また，中立的あいづちの中で，話に興味を持って聴いているのでその先を知りたいという意味で，「それで？」「それからどうなりましたか？」などの先を促すあいづちがある（開かれた質問である「もう少し詳しく話を聞かせてもらえませんか？」などを用いることもある）。

　この先を促す中間的あいづちを「うながし」とも言う。**「うながし」は具体的な質問をせずに相手に話をしてもらう技法**であり，傾聴の中で重要な技法である。経験の浅い獣医師（動物看護師）は，具体的な質問をしなくてはならないという強迫概念にとらわれてしまうことが多く，その緊張感で逆に流れを悪くしてしまう。そのため，この抽象的な質問である「うながし」は効果的であるが，安易に使うと飼い主さんは獣医師（動物看護師）が何を聴きたいのかが分からなくなり，戸惑うことになるので注意が必要である。

3．繰り返し

　相手の言葉の大切なエッセンスをまとめて，ある意味を繰り返すことが「繰り返し」である。「繰り返し」は，鏡の役割を演じ，客観性を促し，堂々めぐりの場合は，切ってまとめることを促せる。間違ってもマニュアル的・機械的に言葉を繰り返す「オウム返し」ではない。安易な繰り返しである「オウム返し」は，相手に不快感を与える。

例えば，病院の受付で，飼い主さんが「トイレはどこですか？」と聞いたとき，受付のスタッフが「トイレがどこにあるかをお聞きになりたいのですね」とマニュアル的に（相手の言葉を繰り返すのがよいという教育）答えたらどう感じるであろうか。言ったことを機械的に「オウム返し」され，非常に不快である。この不快感を与える単なる「オウム返し」ではなく，心を「繰り返し」することが重要である。

ただし「オウム返し」のように同じ言葉を繰り返しても，受容的・共感的考え方を基本とすれば（心を繰り返せば），理解されているという感覚が生じ，人間関係が豊かになる。この心の「繰り返し」を使えれば，「分かった」と伝えるより，「あなたのおっしゃることを私は理解していますよ。いいですか？」というメッセージにもなり，飼い主―獣医師（動物看護師）関係の向上に寄与する。

▶「繰り返し」技法を用いない失敗例
- 飼「吐いてしまうと，とてもつらいのです」
- 獣「脂肪分のあるもの，中毒を起こす危険のあるものなどを食べませんでした？」
- 飼「私が仕事をはじめて…見ていられないのです」
- 獣「今回の嘔吐は，中毒や膵炎が疑われ…」
- 飼「はい……」

▶「繰り返し」技法を用いた具体例（図3-2-5）
- 飼「吐いてしまうと，とてもつらいのです」
- 獣「吐いているところを見るのがつらいのですね」
- 飼「私が仕事をはじめて留守番ばかりさせているので，そのストレスが原因なのかと思い心配で見ていられないのです」

▶ 図3-2-5　繰り返し技法を用いた場合

獣「心配で見ていられないのですね」
飼「そうなんです」

4．明確化

　「明確化」とは，飼い主さんが薄々気づいているけれども，まだはっきりとは意識化していないところを先取りし，**これを言語化（意識化）する**ことである（図3-2-6）。明確化を促すことで，自己を客観的にとらえ，当該の問題に客観的で適切な対処を促すことができるようになる。

　例えば，繰り返しであれば「あなたのおっしゃりたいことは○○ですね（私は理解していますよ）」といった確認の機能となるが，「明確化」なら「おっしゃりたかったのは，(飼い主さんが薄々気づいているけれどまだ意識化していないことを) ○○ということはございませんか？　○○が原因だと思われていませんか？」などとなる。この「明確化」が的を射ると早期の問題解決につながり，さらによりよい飼い主—獣医師（動物看護師）関係が構築される可能性が高い。「明確化」には相手を理解しようとする集中力と，相手の反応を読み取る敏感さが必要である。図3-2-7に明確化の練習問題を示す。相手の心の意識を具現化する練習をして頂きたい。

● 受容・共感・支持

　「受容」と「共感」，「支持」も「傾聴」と組み合わせる重要な技法で，非言語的メッセージに分類される。

　「傾聴」「受容」「共感」は相互に関連する，飼い主さん側への比較的受け身な対応である。しかし，ただ単に受動的にこれら技法だけを使うことでは十分な対応とは言えない。これら技法については，「第1章　獣医療面接の基礎知識　基礎知識2　獣医療面接が持つ3つの役割（目的）」で，良好な飼い主—獣医師（動物看護師）関係形成のための具体的な必要条件として紹介したので詳細は割愛するが，簡単に言えば「受容」とは相手の言動，態度，立場を理解できなくても否定せず**一時的に無条件**

▶ 図3-2-6　明確化

傾聴（共感・支持）　獣医療面接のプロセスの概念モデル③

①「先生，カウンセリングくらいで本当に人間の性格が変わるのでしょうかねえ？」
　回答：「カウンセリングに対する不信感があるのだね」
②「牧師でも夫婦げんかするのですか？」
　回答：「牧師は特別な人間なので夫婦げんかをしないと思っているの？」
③「あなた，今夜も帰りが遅いの？」
　回答：「そうだね，たまには夕食を一緒にしたいところだなあ」（妻；早く帰ってきてほしい）
④「あと何回，面接に来ればいいのですか？」
　回答：「面接に来るのが何か大義な感じ？」（面接の抵抗＝不満足かも？）
⑤「今夜もまた残業があるのかな？」
　回答：「そうだけど何か今夜は都合が悪い？」「残業ばかりで辞めたい」
⑥「あなたの学校は共学だからいいよね」
　回答：「出会いがほしいのだね」「女子（男子）だけの学校はあまり好きではないの？
　（嫌なことがあったのかも？）」

▶ 図3-2-7　明確化の練習問題：色文字をふせながら相手の心の意識を表現してみよう
出典）國分康孝：カウンセリングの技法．誠信書房，東京，1979．

に相手を尊重し受け入れることであり，意識的に行える。
　「共感」とは，まるで（As if）飼い主さんと同じ体験をしているような感覚を意識することで，飼い主さんの気持ち，感情と一体化し，心と心が通じ合うことをいう（客観性が失われないよう全く同じ体験と考えたり，体験する必要はない）。本当に心と心が通じていれば，心と心が共鳴し，積極的な興味も沸き立ち相手の話をもっと聞きたくなり，瞳孔も開き目が輝くはずである。このような，相手に多大な関心を持っている態度が伝われば「共感」していると言える。
　さらに「支持」もある。支持は，「受容」と似ているが少し違い，定義としては，**「受容」した上で，さらによいところや，その人なりに努力している部分を積極的に認め，「よくできました！」などと支持や承認の態度を相手に表明すること**である。支持は，一種の承認のため，自己受容の原動力になる。この自己受容も，当該の問題に客観的に適切な対処を促すことに役立つ。
　以上は臨床心理学的カウンセリング場面における説明だが，獣医療面接の場面では，飼い主さんに罹患動物に対する態度や対応の問題点などを気づかせるチャンスとなるため，「傾聴」「受容」「共感」をベースにした上で積極的に「支持」するべきである。

● 受容・共感・支持の具体例（図3-2-8）
　受容，共感，支持には，無条件の配慮や感情の反映などもある。その具体例を以下に示す。

▶ 受容（無条件の配慮）（図3-2-9）
　獣医師（動物看護師）として，または一個人としても飼い主さん自身が自己を見つめ直していけるよう，積極的に無条件で感心を示しながら，受容し，配慮する意向を飼い主さんに伝える。

> ● 「受容」
> 相手の言動，態度，立場を理解できなくても一時的に無条件に相手を尊重し受け入れること
> ● 「共感」
> 「まるで（As if〜）」の関係で，飼い主の気持ち，感情と一体化し感じること
> ● 「支持」
> 支持は，受容した上で，さらによいところや，その人なりに努力している部分を積極的に認め，「よくできました！」などと支持や承認の態度を相手に表明すること

▶ 図3-2-8　傾聴法の具体的技法「受容・共感・支持」

▶ 図3-2-9　受容（無条件の配慮）　　▶ 図3-2-10　共感

- 獣　例1「できるだけのことはさせてください」
- 獣　例2「私にしてほしいことを教えてください」

▶ 受容（感情の反映）

飼い主さんがとった行動を聞いた中で，感じた感覚や感情を獣医師（動物看護師）が述べること。

- 獣　例1「お困りのようですね」
- 獣　例2「おつらいのですね」
- 獣　例3「緊張なさっているようですね」

▶ 共感（図3-2-10）

共感は心と心の通じ合いなので，具体的な対話で表現することは難しいが，以下に一例を挙げてみる。

- 飼　「うちのワンちゃん，今年で17歳と高齢なんですけど，ここ最近，夜中だけずっと吠えていて，苦しそうなので，見ているのもつらいのです。どうしてあげたらよいか分からず，そばについてあげることしかできなかったのです」
- 獣　「（自分も経験があり，1週間くらい睡眠不足で大変だったという状況を思い浮かべながら）そ

れはそれは大変でしたね。」

▶ 支持（承認）
飼い主さんの感情面に焦点を当て，妥当であると認めていること（承認）を伝えること。
- 獣「よくここまで面倒を見られましたね。頑張りましたね」

▶ 受容と支持
飼い主さんがこれまで行ってきた取り組みに敬意を払うことである。たとえ間違った取り組みだったとしても，飼い主さんが努力してきたことに対しすぐに否定をしない。まずは尊重していることを伝える。すべての相手を尊敬はできないが，尊重はできるはずである。
- 獣 例1「すばらしいですね。いろいろ考えながら，頑張ってこられたのですね」
- 獣 例2「よく調べられていますね，飼い主さんの努力という愛情が伝わりますね」

本項ではここまで傾聴の技法を解説してきたが，以下に会話を用いた具体例を示す。
まずは前述した傾聴を用いない具体例，その後，傾聴の技法を組み合わせた具体例を示すので，その違いを確認してほしい。

▶「傾聴」技法を用いない場合（一般的パターン）
- 獣「本日はどうなさいましたか？」（開かれた質問）
- 飼「最近，うちの愛犬の元気がないのです，ご飯もあまり食べないし，痩せてきたようです」
- 獣「そんなことはないですよ，体重も前回とほとんど変わらないし，季節の変わり目だから少し疲れているのかもしれませんね。心配いりませんから様子を見ましょう」
- 飼「そうですか……」

▶「傾聴」技法を用いた場合（図3-2-11）
- 獣「本日はどうなさいましたか？」（開かれた質問）
- 飼「最近，うちの愛犬の元気がないのです，ご飯もあまり食べないし，痩せてきたようです」
- 獣「（感じたことを自由にお話しください。私はいつもあなたのそばについていますよ，という雰囲気で；傾聴）なるほど（あいづち），元気がなく，ご飯も食べないのですね（繰り返し）」
- 飼「はい，何だか弱っているような気がして，このまま死んでしまうのかと」
- 獣「弱って死んでしまうと思ってしまっているのですね（繰り返し）」
- 飼「そうなのです」
- 獣「それで？（うながし）」
- 飼「心配で，眠れないのです」
- 獣「眠れなくなるほど心配な状態なのですね（繰り返し）。それでは詳しく診させてください。まずは痩せている，ということなので体重を測ってみましょうか」

> そうですか（あいづち），Aちゃんが急にいたずらをはじめたのですね（繰り返し）。いたずらの原因が，病気なのかストレスなのかを知りたいのですね（明確化）

> うちのAちゃんが，急にいたずらをはじめちゃって困っているのです。病気なのかしら，それともストレスかしら…

▶ 図3-2-11　傾聴技法による共感表現

飼「痩せていますよね？」

獣「そうですね（受容）……。Aさん，ご心配されていた体重は前回と変わらないようですよ，よかったですね。身体検査でも特に問題はないようですよ」

飼「それはよかったわ，忙しくしてたので疲れてただけかしら」

獣「ここのところ忙しかったようですね。ということは飼い主さんの生活の変化などがあり，それがBちゃんに影響しているのでは，と思っていらっしゃるのですね（明確化）」

飼「えぇ，そうなんです。確かに，私が1カ月前から仕事をはじめたので，留守番ばかりさせているからストレスになっていないか心配だったのです。前はいつも一緒だったから…。それで何だか元気もなく，痩せてしまったように思えたのです」

獣「なるほど（あいづち），そんなことがあったのですね（繰り返し）。確かに環境の変化はBちゃんに大きく影響しますが，仕事をはじめて1カ月も経つなら，そろそろそういった環境にも慣れストレスはあまり感じていないかもしれませんね。ただ，今の時期，季節の変わり目に順応できず元気のない動物が多く来院していますから，もしかしたらBちゃんもそうかもしれませんね。でも診させて頂いた範囲内では問題ないようですので，少し様子を見てみるというのはどうでしょうか？」

飼「そうですか，取り越し苦労だったのですね，私，心配性だから」

獣「そんなことはありませんよ（否定的なあいづち），飼い主さんのちょっとした"気づき"は，愛犬の病気を早期発見する大変重要な方法なのですよ（支持）。しかも今日の私の診察ですべてが分かるわけではありませんから，これからもやはり心配な点が続くようでしたらご来院やご相談くださいね（受容・無条件の配慮）。そうそう，対策として留守番以外の時間は十分に遊んであげることは忘れないでくださいね」

飼「はい，ありがとうございます。よく観察しながら遊びます(^^)」

(コメント)

　この例では，獣医師は飼い主さんから発する不安や苦しさ，思いをさえぎることなく「繰り返し」，「明確化」しながら，「傾聴」することに徹している。安易に前向きな表現を使ったりして，無理に飼い主さんを明るくさせることはしていない。飼い主さんの苦しみ，心配事を理解してあげることができれば，飼い主さんは獣医師（動物看護師）が自分の気持ちを受け入れてくれたと感じることにより心は落ち着き，こちらの意向・指導にも耳を傾けてくれる。仮に同じ話をしたとしても応対する獣医師（動物看護師）により，意向が伝わる，伝わらない，トラブルになるといったこともある。その背景には，こういった相手の話についていく態度（傾聴）がかかわっているのである。

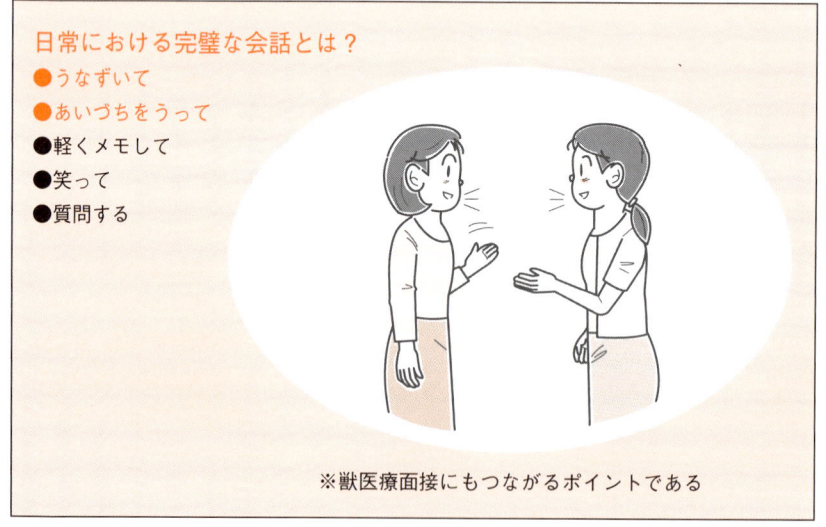

日常における完璧な会話とは？
- うなずいて
- あいづちをうって
- 軽くメモして
- 笑って
- 質問する

※獣医療面接にもつながるポイントである

完璧な会話
出典）齋藤 孝，坂東 眞理子：会話に強くなる〜話す力・聞く力を育てる33のメソッド〜．徳間書店，東京，2014.

+PLUS　沈黙に耐える時間

　患者さんが沈黙したら，それに耐えられる時間はどれくらいだろう？　忙しさなどにも関係するが，一般的に比較的傾聴する医師の多いアメリカでも平均18秒，日本の医師は何と平均5秒しかもたず，すぐにさえぎってしまうらしい（高柳和江，2013）。さえぎりは相手の満足度を下げてしまう。日本の獣医師は果たして何秒もちこたえているのか，つまり相手の話についていく態度（傾聴）がどの程度行えているのか，興味のあるところである。

焦点づけ，要約・確認

獣医療面接のプロセスの概念モデル④⑤

> **❶ Keyword**
>
> 繰り返し　焦点づけ　要約　確認　物語り（ナラティブ）

　話の内容を共有する場合，「繰り返し」の技法が中心となる。前項で「繰り返し」とは，相手の言葉の大切なエッセンスをまとめて，それを繰り返すことと解説したが，実はこの「繰り返し」にはさらなる技法が含まれている。

　改めて詳細に解説すると「繰り返し」とは，『患者の話した内容の枝葉末節をカットしながら，各ポイントに焦点をあて（焦点づけ），そのポイントを整理し（要約），それを患者に投げ返すときに「私はあなたの話をこういうふうに理解しましたが，私の理解に間違いはないでしょうか」と気持ちを込めてポイントを復唱（確認）すること』となる。

　つまり「繰り返し」の技法には，「焦点づけ」「要約」「確認」という技法が含まれおり，本項ではその詳細について解説をする（P.39 図3-1-1獣医療面接のプロセスの概念モデルの④⑤）。

●「繰り返し」を行う過程で用いる「焦点づけ」という技法

　人の医療面接において，患者が抱える問題はひとつではなく（平均1.2～3.9），さらに患者が最初に述べた問題点が最も重要な主訴ではないとの報告がある（向原 圭，2006）。つまり，獣医療でも同様の可能性があり，飼い主さんひとりひとりが多くの問題を抱えており，飼い主さん自身の頭でも整理がついていない状態で，様々な問題点・疑問点が交差しながら話をしている可能性がある。その場合，獣医師（動物看護師）がひとつひとつ拾い上げ，その内容を要約していく必要がある。

　また，人のカウンセリングでの会話の流れは，「表面的な出来事（事実）」と「主観的な感情（その事実に関連する感情）」が同時並行的に語られることが多い。これらを合わせると，例えば「お母さんとうまく理解し合えないことによって，自分が拒絶されているという感じや，淋しい気持ちを感じることがあるのですね」というように，事実も含まれるが主に患者の感情面に焦点をあてていく技法と，「初めて体調が悪くなったときの様子を教えてください」と患者の事実面だけに焦点をあてていく技法があり，それらを「焦点づけ」という。

　このように「事実」と「感情」の両方に「焦点づけ」をするのだが，この技法は「繰り返し」を行う過

図3-3-1　感情面の「焦点づけ」

程の中で使用する。ただし，患者自身のある対象・物事への決まった考え方の特徴を把握するために「焦点づけ」する場合もある。

感情面の「焦点づけ」（図3-3-1）

　人のカウンセリングでの「焦点づけ」は主に患者さんの感情面であるが，獣医療面接での「焦点づけ」は罹患動物の事実面が主体となることが多い。しかし飼い主さんの感情面での「焦点づけ*」をすることにより，結果的に良好な飼い主―獣医師（動物看護師）関係の構築につながるため大変重要な技法である。

▶ 具体例
　獣「様々な問題があるため，不安でいっぱいということなのですね」

事実面の「焦点づけ」（図3-3-2）

▶ 1．時間に焦点をあてる

　罹患動物が長い病歴を有している場合，時間の経過ごとに区切って焦点をあてながら飼い主さんに

---

*心理療法での焦点づけとは？
焦点づけは，本文にあるようにカウンセリングにおける「繰り返し」の技法に含まれるが，臨床心理学の中では，この「焦点づけ」とは別の技法で使用されることもあるので解説を加える。
認知行動療法という心理療法では，例えばうつに特徴的な考え方（自動思考：ある一定の状況になると決まって出てくる不合理な考え方）に焦点をあてて（焦点づけ）治療的プログラムを組む。さらに，来談者中心療法から派生した，ジェンドリンより提唱された心理療法であるフォーカシング（焦点づけ）という技法がある。この技法では，こころの問題について患者が漠然と持っている「感じ」「感覚」に焦点をあてて（焦点づけ），それをはっきりさせることによって，患者自身が自分のこころの実感に触れ，問題に対するきっちりとした対応をとることを可能とさせる技法である。
これらと本稿の「焦点づけ」とは混合しないようにしなくてはならない。

> 図3-3-2　事実面の「焦点づけ」

病歴聴取すると，流れが明確になる。
- 獣「初めてAちゃんの体調が悪くなったときの様子を教えてください」
- 獣「2回目に病院にいらしたときは，どんな症状でしたか？」
- 獣「前回入院されてから，今日までの経過はどうでしたか？」
- 獣「今現在の状態は，前回の症状とくらべてどうですか？」

▶ 2．多数ある問題のひとつひとつに，順番に焦点をあてる

- 獣「Aちゃんの今の問題を整理すると，ジャーキーは食べるけどドックフードは食べないということ，しかし昨日からジャーキーも食べなくなったということ，吐き気は以前からもときどきあったが，この1週間はだんだん回数が増えており，昨日からはかなり多く吐いて，元気もなくなったのですね（要約・確認）。吐き気は以前からあったということですが，どれくらいの頻度なのか，そのときの食事内容などを教えて頂けませんか？」
- 獣「それでは次に，便の状態について教えてください」
- 獣「この1週間で体調を崩されているようですが，Aちゃんの環境に変化はなかったですか？」
- 獣「お仕事をはじめられたということですが，お留守番の時間や，出かけるときのAちゃんへの対応の仕方や，ご帰宅されたときのAちゃんの様子など，もう少し具体的に教えて頂けませんか？」

▶ 3．その他の観点から焦点をあてる

焦点をあてるものには，大きく分けると「罹患動物の症状」「症状以外の問題」「飼い主さんと罹患動物との関係」「他者（ドッグトレーナー，以前にかかった獣医師など）と飼い主さんの関係」「今現在の獣医師と飼い主の関係」などがある。様々な症状を訴えて来院された罹患動物の飼い主さんに，主として開かれた質問を用いて焦点をあてる。

焦点づけ，要約・確認　獣医療面接のプロセスの概念モデル④⑤

> 図3-3-3　飼い主さんと罹患動物との関係に焦点をあてる

●罹患動物の症状に焦点をあてる：
獣「最初にドックフードを食べなくなったということですが，もう少し具体的な症状（様子）を聴かせてください」

●症状以外の問題について焦点をあてる：
獣「Aちゃんの体調が悪くなった1週間から10日くらいの間に，何か環境面での変化はありませんでしたか？あるとしたら，その変化について教えてください」

●飼い主さん（家族も含む）と罹患動物との関係に焦点をあてる（図3-3-3）：
　問題行動のある動物や再発を繰り返す症例などでは，その問題に家族も含めた飼い主さんによる過干渉や，誤った価値観による対応（しつけの問題や，擬人化など）などが大きく関与していることが多い。人医では家族療法という心理療法があるが，動物も家族の一員であるため，家族のコミュニケーションルールが負の連鎖をしていないか，家族全体の関係をひもとく必要がある。
獣　例1「飼い主さんやご家族はAちゃんが○○したとき，どのような対応をしていますか？」
獣　例2「散歩のときのAちゃんの動きについて教えてください。例えば，リードを引っぱって困るとか，拾い食いをして困るとか，ノーリードにしているなど，教えてください」

●他者に焦点をあてる：
獣　例1「以前にかかられた病院では，ときどき吐くことについてどういった診断をされたようですか？」
獣　例2「訓練を受けているようですが，どんな問題があり，その訓練法はどのようなものですか？」

●飼い主さんと獣医師の関係に焦点をあてる：
 獣 「私の説明が悪かったのか，ご理解が得られなかったように感じますが，大丈夫でしょうか？取り越し苦労ならよいのですが，もし分からない点がありましたら，そのあたりを教えて頂けませんか？」

● 要約と確認："物語り"を共有する

　出会って（準備・導入），問うて（質問），それを聴いていれば（傾聴），獣医療面接は成立する。しかしそれだけでは不十分なところがある。

　病歴というのは英語でhistoryと言う。これはもちろん歴史という意味であり，この中には，病歴など事実を寄せ集めしたまとまりのない物語（story）を含むが，その物語（story）を時系列で配列し直し，ひとつのまとまった物語り（ナラティブ：narrativeと言う）にする必要がある（詳細はP.65 ＋PLUS参照）。この"物語り"を共有するための有効な技法が「要約と確認」である。

　質問，傾聴による病歴聴取がひとつの区切りにきたとき，飼い主主導の獣医療面接だと飼い主さんの満足感が得られるが，話した内容に曖昧な情報が出てくる。それを明確にするために，内容を簡単に「要約」し，獣医師（動物看護師）の理解が正しいかを飼い主さんに「確認」してもらう（図3-3-4）。そしてもしその要約した内容に誤りがあれば，そこで飼い主さんに訂正してもらう。

　要約後，「他に話したいことはありませんか？」と尋ねること，つまり「開かれた質問」「傾聴」「要約」のサイクルをうまく使うことにより，飼い主さんと獣医師（動物看護師）の意思の疎通（飼い主—獣医師［動物看護師］関係）がうまくいき，情報を共有でき，結果的によりよい獣医療が提供できる。同じ話を何度も繰り返す飼い主さんの場合でも，その都度「要約」しながら話を進めることで，話題も変えられスムーズで流れのある病歴聴取が可能となる。また，話題が変わるときは前の話題を要約して，次の話題に移る理由を述べる。

　興味深いことに，このような流れを説明する技法をより多く使った家庭医は，そうではない医師と比較して訴訟の数が少なかったという結果が出ている（向原 圭，2006）。我々獣医師にも同じことが言えるのではないだろうか。

▶ 現病歴を一通り聴き，次の話題に移るとき
●例1：悪い例
 獣 「それでは食欲不振や嘔吐の原因をつかむために検査をさせて頂きたいのです。費用は○○円くらいかかります。よろしいでしょうか？」
 飼 「え，ストレスじゃないですか？（ストレスかと思ってきたのにいきなり検査なんて，私の話もきちんと聞いてもらってないし…）苦しませる検査はしたくありません」
 獣 「…ストレスではないと思いますが…（汗）」

●例2：適切な対応例
 獣 「今までのお話をまとめさせてください。もし間違いがあったら教えてくださいね」

焦点づけ，要約・確認　獣医療面接のプロセスの概念モデル④⑤

> Aちゃんがフードを食べなくなり，ジャーキーを与えると普通に食べたので様子を見ていた。
> しかし，昨日からジャーキーも食べなくなり，嘔吐も増えたので来院された。
> Bさんは，仕事で留守にしていることがストレスになっているのか気にされている，とのことでよろしいですか？

> そうです

▶ 図3-3-4　要約（繰り返し）

飼「はい」
獣「今回，病院に来院された理由は，Aちゃんが1週間前から食欲が低下して，フードを食べなくなったので，ジャーキーなら食べるだろうと与えたら普通に食べたので，少し吐き気はあったものの様子を見ていた。しかし昨日からジャーキーも食べなくなり，嘔吐の回数が増えたので心配になって来院された。飼い主さんとしては10日前からはじめた仕事のために留守にしていることのストレスがないかが気になっている，ということでよろしいでしょうか？」（要約）（繰り返し）
飼「そうです」
獣「他に気になっていることはありませんか？」（確認のための開かれた質問）
飼「ありません」
獣「それではAちゃんの体調不良の原因はストレスかと思われますが，ストレス以外の原因を除外するための検査について提案させてください。よろしいでしょうか？」（次の局面に移る際に，その流れと理由を述べ，次の局面に移ってよいかを確認する）

●例3：要約が間違っている場合
獣「Aさんのこれまでのお話をまとめると…ということでよろしいでしょうか？」
飼「いいえ，違います」
獣「それは大変失礼いたしました。それでは間違っているところについてもう一度お話をお聞かせ頂けませんか」

（コメント）
　要約技法は，実践でとにかく何度も要約する癖をつけながら，聞き取り能力を養う必要がある。
　要約内容の確認は，飼い主さんの不安（獣医師［動物看護師］に問題点が伝わっているのか）を取り除き，さらに要約の訂正により，もし間違っていたら，「それは申し訳ありません，もう一度確認さ

せてください」と聞き直し，精度の高い情報共有や飼い主さんの意向を反映させることが可能となる。これらを誠実に行うことにより，結果的に獣医師（動物看護師）に対する飼い主さんの信頼感は高められ，罹患動物にとってもスムーズな医療が提供できる。

このように獣医療面接では，「焦点づけ」「要約」と「確認」を含んだ「繰り返し」や，丁寧な病歴聴取を行う必要がある。

また，病歴聴取とは飼い主さんから一方的に情報を聴取することではなく，飼い主さんと獣医師（動物看護師）が共同してひとつの"物語り"をつくりあげるという雰囲気をつくり出さなければならない。この雰囲気は飼い主さんに，獣医療は受け身ではなく飼い主さんの意見を尊重し，獣医師（動物看護師）と対等な立場であるという充実感を与える。

この結果，飼い主さんと獣医師（動物看護師）との関係がよくなり，飼い主さんの自助努力や獣医療への積極的な参加意欲が高まり，罹患動物への病気の原因となるような誤った行動があれば修正してくれるようになる（行動変容）。

> ＊さらに一歩進んだ「繰り返し」の技法の「明確化」
> 　適切で合理的な対応ができるよう，潜在している意識の面積を拡大することによりその人の言動を意識化，現実化させること。例えば，飼い主さんが異常なほど飼育動物への依存があり，それが飼育動物のストレスとなっている場合（陰性感情的問題），それを気づかせるときに「明確化」を用いることがある（詳細はP.68を参照）。

+PLUS ナラティブ・ベースド・メディスン（Narrative Based Medicine：NBM）(斎藤清二，2000)

元々医療とは，患者の「物語り」（ナラティブ：narrative）に耳を澄ますことからはじめていたはずなのに，近代医学は「患者そのもの（patient）」と「患者の持つ疾患（disease）」を分離し，疾患のみを取り上げることによって，患者を治療しようとする方法論となってしまった。

その細分化の末，現代医学体系が確立した。そこに近年，臨床医学と一般診療の架橋を目指す新しい医療の方法論である，エビデンス・ベースド・メディスン（EBM）が発展してきた。これは臨床疫学的な情報を有効に利用することによって，個々の患者に有益な効果をもたらすことを目的とした方法論であるが，その科学的な側面をあまりにも強調しすぎる傾向があることも事実である。

その結果，医療における全人的な側面，医療従事者と患者の相互交流的な側面の重要性に再度光をあてようとするNBMというムーブメントが，英国における一般開業医の中から起こった。

では一体，NBMとは何なのか？という疑問になる。ナラティブとは，「物語り（単純な物語のstoryとは分ける意味でnarrativeでは"り"をつける）」であり，定義すると「ある出来事についての記述を，何らかの意味のある連関によりつなぎ合わせたもの」である。このたとえで，しばしば引用される簡単な例を以下に示す。

「王の死」と「王妃の死」という2つの言葉を並べても，ここにはまだナラティブ（物語り）は生じていない。しかし次のようにこの2つの出来事をつなぐと，ここに物語りが生じる。

例1「王様が亡くなりました，そしてその後すぐに，王妃様も亡くなりました」

あるいは，この2つの出来事を違うように結び合わせることもできる。

例2「王様が亡くなりました。そして悲しみのあまり，王妃様も亡くなりました」
　このようにナラティブとは，同じ事象に対して複数の異なる意味づけを可能とするようなアプローチであると言える。「ナラティブという視点」からものを見るということは，すなわちすべてのものごとを「それもまたひとつの物語り」として理解しながら，患者をもっと知ろうとする態度である。

　EBMとNBMとの関係は，対極のような印象があるが実はそうではない。EBMとは「『エビデンス（根拠）』という明確に定義された情報を利用することによって，『目の前の個々の患者』に最良の医療を提供することを目的とした方法論」である。EBMには5つのステップがあるが，よく誤解されているのは，このステップ2，3のみがEBMであると認識されていることである。実際，個々の患者のために1と4がきわめて重要なのである。
[EBMを実行するための5つのステップ]
ステップ1：問題の定式化（一体，何が問題なのかを丁寧に聞き出す）
ステップ2：情報の検索
ステップ3：得られた情報の批判的吟味
ステップ4：得られた結果の臨床場面での実行
ステップ5：実行された医療行為の評価

　このようにEBMは明確に定義できるが，NBMは難しい点が多い。しかし斎藤らは，実際の事例における分析から，一般診療におけるNBMのプロセスのひとつの典型例を示している。
[一般診療におけるNBMの実践プロセス（一部改変）]
1．患者の病の体験の物語りを傾聴しながら聴取するプロセス
2．医師が解釈した患者の物語りを患者と共有（確認）するプロセス
3．医師の物語り（みたて，仮説）と医師から見た患者の物語りの連続比較のプロセス
4．医師と患者の物語りのすり合わせによる新しい物語りの浮上を確認するプロセス
5．ここまでの医療を対話しながら評価するプロセス

　いずれにせよEBMとNBMは，ともに『目の前の患者の最大幸福に焦点をあてる医療の方法論』である。この2つの方法論は，患者との現実の対話の場面においてこそ，統合されるものであると考えられる。

聴取，最終要約・確認，身体検査，終結

獣医療面接のプロセスの概念モデル⑥〜⑨

❗ Keyword

ニーズ　QOL　ADL　終結

● 面接で聴き出すこと

①どんな情報を得ればよいのか

獣医療面接の主要な目的は，「すべての情報を聴取すること」と，「良好な飼い主—獣医師（動物看護師）関係をつくり出すこと」である。すべての情報を聴取することの具体的事例は，主訴に関する情報として，

1. いつから，どのような経過で？
2. どこが？（部位）
3. どんなふうに？（性状）
4. どのくらいの時間？（持続）
5. どの程度？（症状の強さ）
6. どういうときに？
7. 影響する因子は？（因果関係）
8. 随伴症状は？（主訴以外の症状）

などであるが，これらをマニュアル的に用いると，人医で問題となっている事務的な問診である「アナムネーゼ」*となり，必ずしもそれだけでは良好な飼い主—獣医師（動物看護師）関係は構築されない。そこですべての情報を聴取するには，「良好な飼い主—獣医師（動物看護師）関係をつくり出すこと」が重要であり，これまでそこに焦点をあてて解説してきた。

そこで本項では，今までの技法を用いた，聴き落としやすい大切な情報の得方や，終結の仕方について解説する。

＊アナムネーゼ：翻訳すると既往歴という意味だが，主に事務的な問診のことを指す

②聴き落としやすい大切な情報（図3-4-1）

　主訴以外に，獣医療面接の際に聴き出すべき情報のうち大切なものを列挙する。この場合に用いる技法は，基本的には「焦点づけ」の応用である。ここで挙げる項目は，飼い主さんとのこれからの関係において役に立つ大切な情報であるが，注意しないと聴かないまま，終わってしまいやすいものでもある。

a．他院への受診，服薬状況

> **獣**　「今回の症状で他の動物病院にかかられたことがございましたら，そのときのお話，もしお薬など出されたようなら，その種類などを教えて頂けませんか？」

b．事項や感情の明確化

　飼い主さんが罹患動物の抱えている問題（病気の原因や検査，治療も含む）に対して何らかの考えを持っている場合，客観的な会話の裏側にある相手の考えや気持ち，感情を理解し，さらには隠れた希望や感情をも理解する必要がある。これには主に「明確化（P.53）」を用いるが，時に「開かれた質問」や，飼い主さんの話を「要約」し，誤りや不足がないかを「確認」しながら進める必要がある。

> **獣**　例1「今，一番心配なことは何ですか？」（開かれた質問）
> **獣**　例2「今の状態について，ご自分ではどう思っておられますか？」（開かれた質問）
> **獣**　例3「あなたのこれまでのお話をまとめ（要約）させて頂きましたが，言いたいことが伝わった，分かってもらえた，と思われますか？」（要約，確認）
> **獣**　例4「○○してほしいと思われているのですか？」（明確化）
> **獣**　例5「○○が原因ではないかと思われているのですか？」（明確化）

　飼い主さんは罹患動物の病気について，心配であるという気持ちと，自分なりの仮説・説明パターンを持っている。これを聴き出す，引き出すことによって飼い主―獣医師（動物看護師）関係をよりよくすることができる。もし飼い主さんの仮説や，行っていたことが間違っていたとしても頭から否

---

①他院への受診，服薬状況

②事項や感情の明確化
　「今，一番心配なことは何ですか？」

③ニーズ（希望）
　「どのようなことを望まれますか？」

④罹患動物と飼い主のプロフィール
　罹患動物の病気に深く関与する飼い主の社会的背景も時に必要

▶ 図3-4-1　聞き落としやすい大切な情報

定してはならない．まずはそれまでに至った経緯などを丁寧に傾聴し，罹患動物と飼い主さんとの物語りを引き出すことからはじめ，獣医師としてのコメントは最後にする（積極技法*を用いる．＊：詳細は「第4章　積極技法と面接技法の応用」にて解説する）．

　飼い主さんが今まで行っていたすべてのことが間違っていたとしても，言ったそばから間違いを指摘し，正論を押しつける否定ばかりの獣医療面接になってしまうと，飼い主さんは今までの自分自身を否定されているように感じてしまい，飼い主―獣医師（動物看護師）関係が悪くなる恐れがあるので注意する必要がある．

c．ニーズ（希望）

　飼い主さんに**ニーズ**をお聴きすることは，尊重されていると感じさせるための重要なポイントである．

　「どんなふうになったらいいなと思われますか？」「どこまでの治療を望まれますか？」のような開かれた質問を行い，ニーズをお聴きする必要がある．獣医師は，時に飼い主さんのニーズを一方的に誤って推測してしまうことや，獣医療ではこういった方法がゴールドスタンダードなのでそれをしなくてはいけない，またはこちらの提案した治療を選択しないなら病院に来なくてよい，という雰囲気（メタ・メッセージ）を出してしまう傾向がある（特に応用がきかない経験の浅い獣医師に多い）．

　これは「受容」の観点に共通するが，飼い主さんにとっては獣医療の押しつけとなる恐れがあり，たとえ真っ当な獣医療を提供していたとしても，飼い主さんからの信頼が得られない可能性がある．よって個々の飼い主さんのニーズと，獣医師側の方向性の不一致にならないよう，そのバランスや落としどころを模索し，十分な選択肢（利点・欠点も伝える）を出し，できる限り飼い主―獣医師間で十分なコンセンサス（意見の一致）を得られるよう，柔軟に対応することが必要である．

> **獣**「かかりつけの病院がお休みということで，こちらにいらっしゃっているようですが，本日は，どういった治療を望まれますか？」（開かれた質問）
> **飼**「そうですね，とりあえず今日だけこの症状を落ち着かせてもらう治療をお願いします」
> **獣**「なるほど，検査などはせず，いわゆる対症療法だけでよいということなのですね」（繰り返し）
> **飼**「はい，この症状は今までもときどき出ているものですし，いつもの先生の治療ですぐに落ち着くものですから…ただ今日は休診なので」
> **獣**「分かりました．それでは確認させて頂きますが，今回の症状はときどき出ており，かかりつけの先生が行っている治療ですぐに落ち着いている．当院ではAちゃんの診察は初めてであり，検査もしないとすると病気の詳細は分かりませんので，いつもの先生と同じことはできませんが，できる範囲内の対症療法を行いますね．本日の治療でよくならなかったとしても，明日にはいつもの先生の所に必ず伺う，ということでよろしいですか？」（繰り返し，確認）

　個人のニーズを考える上で非常に重要な概念として，**QOL**（Quality of Life）がある．上記のように飼い主さんがQOLの向上だけを希望され，臨床獣医師が治療を行い，その評価として「生活を営

む上での基本的行動」の向上が得られたため，「QOLが向上した」と評価してしまうことがあるが，実はそのような評価は，QOLの概念ではない。それは「生活を営む上での基本的行動」であり，**ADL**（Activities of Daily Living：日常生活動作）の概念なのである。

人医でいうQOLとは，人間の幸福感や満足感などの心理的側面や，社会的，生理的な側面など幅広い概念を含んだ質を重視したもので，それが生活の質（QOL）の向上として表現される。よって，我々の獣医療では，罹患動物のADLの向上と，飼い主のQOL向上を考慮したニーズを理解する必要がある（詳細はP.77 ＋ PLUS参照）。

d. 罹患動物と飼い主さんのプロフィール

罹患動物のプロフィールはもちろんだが，罹患動物の病気に深く関与する飼い主さんの社会的情報を知るのは大変重要である。共有時間にかかわる情報として仕事をしているか否か（正社員・パート，主婦かなど），就業時間（数時間や，朝から夜遅くまでなど），生活環境の変化の有無（仕事をはじめた，家族が増えた・減った，引っ越した，家の中または近隣で工事がはじまったなど），といった家庭の事情などを聴くのだが，唐突にプライベートなことを聴いてしまうと不快感を与えるため，本来はある程度の飼い主─獣医師（動物看護師）関係が構築された段階で，その必要性を明らかにしながら聴かなくてはならない。

しかし，どうしても聴かなくてはならない場合は，人医でのアナムネーゼ（いわゆる事務的な問診）にならないよう，開かれた質問などを用い，自然発生的な会話の中から社会的背景などの情報を引き出すことが重要である。それでも難しい場合は，過去の症例でこういった事例があったという具体例（飼い主さんがパートをはじめたら，ストレス性の下痢を発現したワンちゃんがいる，単身赴任のお父さんが帰って来てから調子を悪くした猫ちゃんがいる，子供が夏休みになったら病気の動物が多くなるなど）を挙げ，飼い主さんから情報を引き出すように著者はしている。

もちろんプライベートな質問をする場合は，「プライベートな質問となりますが，○○という理由のためにAちゃんの診療においてはとても大切な情報になります。もしよろしければ○○についてお聞きしてもよろしいでしょうか？」など，配慮する必要がある。

●例：配慮が必要な質問
- 獣「少しお話しにくい内容となりますが，Aちゃんの病気の原因と関係があるかもしれませんので，○○についてお聞かせ頂けませんか？」
- 飼「はい，分かりました」

● 身体検査

病歴聴取目的の獣医療面接が終了したら，身体検査の準備をするが，実際の臨床現場では，面接と並行して行うことが多い。まず，罹患動物と飼い主さんが落ち着ける環境を提供する。そして身体検査の流れを説明する（自分なりの身体検査手順を一通り確立させておくのは最低限の準備である）。

例えば，血液検査で保定を行う場合，その理由を説明する必要がある。「それでは○○の診断のた

めに血液を少しだけ採らせて頂きますが，採血時，身体に針が当たると驚いて動いてしまう子がいます。そうなるとやり直しになってしまい，さらに苦痛を与えてしまうため，少しこちらで押さえさせて頂きますが，よろしいでしょうか？」などと応対する。

　必要に応じ，ひとつひとつの検査や処置を行う理由を述べながら飼い主さんに承諾をとり，その結果を伝えながら行うとよい。例えば，「ではＡちゃん，触わるよ～」や，体温測定では「少しお尻が変な感じだけど，我慢してね」など，罹患動物に伝えるという意味もあるが，本当は飼い主さんに伝える，つまり間接的に承諾を得るという意味でもある（図3-4-2）。

　また身体検査時，獣医師は，自らの情緒的反応をコントロールする必要がある。例えば，経験が浅い獣医師に多いのだが，腹部腫瘤を見つけて慌てた反応を見せたり，診断に必要な徴候が何も見つからないときに，おどおどしたり，困ったような表情をしたりしてしまうため，できるだけこういった情緒的反応をコントロールし，飼い主さんに悟られないようにしなくてはならない。

　さらには，終了時には必ず，特にここだけは診てほしいと思っているところはないかを飼い主さんに確認する必要がある。ある人医の報告でも，患者さんが期待していた身体検査を医師が行わずに面接が終了した場合は，不満や患者―医師関係が損なわれるなどの問題があったとされている。たとえ，現症と関係がないと思われ診なかった場合でも，飼い主さんが「診てほしい」と希望を出したのに診てくれなかった，と不満に思われる可能性があるからである。どうしても診る必要がないようなら，その理由を述べればよいのである。

　ある研究では，身体検査の途中などに「大丈夫ですよ」「心配ありません」といった言葉をかけられた患者さんの満足度は，意外にも低かったと報告されている。さらに「頑張ってください」「頑張りましょう」は，人医の世界でもそうだが，十分努力している患者（飼い主）さんに対して使ってしまうと「これ以上どうしたらいいのだ，十分頑張っているのにまだ頑張らなくてはならないのか！」と，医療者側はプラスのイメージで発言しているのに，患者，飼い主さん側はマイナスのイメージで受け取ってしまうことがある。つまり，飼い主さんに安易な口先だけの「大丈夫ですよ」や無意味な「頑

▶ 図3-4-2　身体検査

図3-4-3 安易な言葉は控えよう

張ってください」などは禁忌とさえ言えるであろう（図3-4-3）。
　よって，獣医療面接においても同様のことが言え，しっかりと身体検査の目的を説明しながら，その都度結果をお伝えすることや，飼い主さんが診てほしいと思うポイントを外さないということが，飼い主さんの満足度を上げるようである。

身体検査のちょっとしたコツ
　例えば跛行を呈した動物が来院した場合，飼い主さんの訴えは跛行であるため，まずその患肢を診ることが求められる。しかし動物は，一番痛いところを最初に触ると，その他の肢や他の部位を触ろうとしても嫌がるようになってしまい，どこが患部なのかが分からなくなってしまう。そのため著者は，一番痛い肢は最後に診るようにしている（説明なしに行うと，その肢ではありませんと言われることもある）。動物は嘘をつかないので痛いところはすぐに分かるが，一度嫌がられると全く分からなくなってしまうこともあるため，簡単なことではあるが診る順番には注意を払う必要がある。これも一種の臨床のスキルと言えるかもしれない。

● 終結：獣医療面接の終え方（図3-4-4）

　身体検査が終了したら面接を終了するわけだが，獣医療面接の目標は，飼い主さんから必要な情報を引き出すことだけでなく，飼い主さんが初めて診察室に入って来たときよりも，診察室から出ていくときの方が少しほっとして表情が和らいでいるような状況をつくり出すことも大切である。
　面接の終了は一種の儀式ではあるが，何より獣医療面接が終了しても，診察も含め関係は続くことを忘れず，次につながる終え方をする必要がある。

①病歴の最終要約
　今まで述べられたことの中から一番大切なことだけを要約し，言語化し，情報を共有する。

> 1. **最終要約と再確認**（希望含む）
> 2. 獣医師の考え，至った思考過程，ジレンマなども伝え，選択肢を提示しながら「**交渉**」し，飼い主に積極的に治療計画に参加してもらう
> 3. **質問するチャンス**を与え，次に行われることと，それにより予測される内容を説明する
> 4. 獣医療面接が終了しても，**関係が続く**ため，次につながる言葉かけをする

▶ 図3-4-4　終結：獣医療面接の終え方

獣「今回動物病院へ来られた一番の目的は，○○ということでよろしかったですね」

②確認および再確認

　診察の結果，疑われる病名とその理由についてお伝えし，その病気についての飼い主さんの考えや希望を確認（再確認）し，これから行う検査や治療についての説明（時に，どのくらいまでの情報を知りたいのかを確認する）と理解度を確認する。

　また，人医において患者さんが診療の過程（方針決定など）に自ら積極的に参加する（医師と一緒に考え，意見を述べる）ことにより，医師と患者の間のコミュニケーションや，よい成果（アウトカム）が得られるという報告がある（向原 圭，2006）。よって，これから行う検査や治療に関し，飼い主さんに積極的に治療計画に参加してもらえるよう，獣医師自身の考え，それに至った思考過程，ジレンマなどを説明する。このことで，飼い主さんが獣医師の視点を理解し，それにより勝手な解釈は少なくなり，よりオープンなコミュニケーションが可能になり，飼い主さんの理解度がより深まる。

　しかし，飼い主―獣医師（動物看護師）間のニーズの不一致な状況について配慮する必要がある。人医のある研究で，高血圧の外来患者さんのうち，積極的な治療計画への参加を希望しているのは53％であったという報告や，がんの患者さんで，情報共有の要望は93％と高かったが，治療計画への参加（複数の治療法から選択すること）は，25％に留まったという報告がある。また，医師と考えが一致しない場合，47％が医師に従うが，25％の患者さんは自分の考えに固執するという報告がある（**図3-4-5**）（向原 圭，2006）。獣医療でも同様の可能性はある。

　いずれにせよ，飼い主さんのニーズを確認する作業を怠ってはならないことと，たとえ飼い主さんが積極的な治療計画への参加を望まなくても，飼い主さんの自己決定権を尊重しながら，両者の違いを明確にし，効果的に「交渉」しながら精神的，肉体的（通院など），金銭的に実行可能な妥協案を模索すればよい。

　このように，飼い主さん側の主体的な自己決定権を理解させ，そして行使できるようになることで，罹患動物への積極的関与を促す「飼い主さんへの教育」にもつながるのである。

　最後に，次回の診察の予定や，それまでに飼い主さん（生活の改善や記録，投薬，など）と獣医師（次回までに○○を調べておく，など）が行っておくべきことについての確認もする。

患者のニーズ

高血圧の患者
積極的な治療計画を希望するか？
- 希望する：53%
- 希望しない：47%

がんの患者

ニーズ	する	しない
情報共有希望	93%	7%（不明含）
治療計画の参加	25%	75%（不明含）
医師と考えが一致しなかった場合，医師に従うか？	47%	25%

人の患者さんのニーズはまちまちである

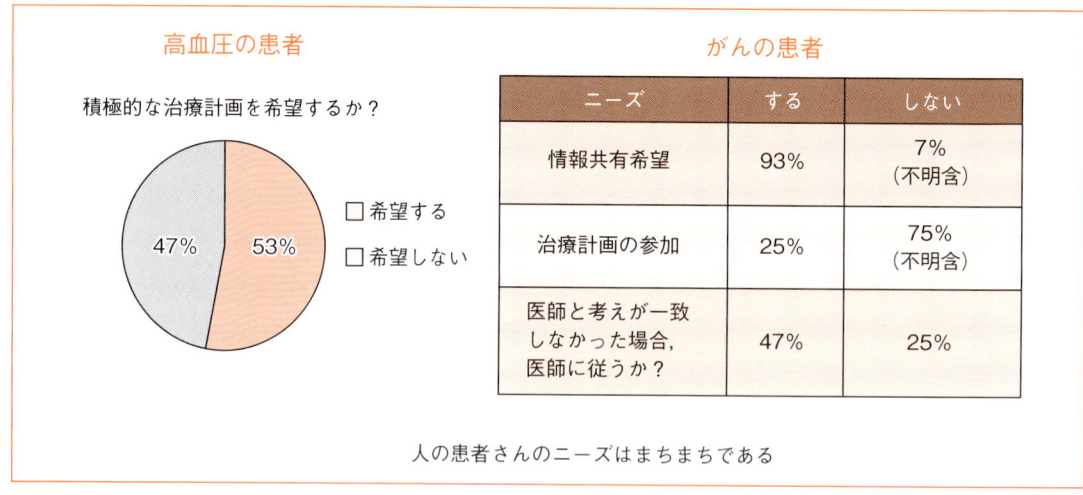

▶ 図3-4-5　患者のニーズ
出典）向原 圭著，伴 信太郎監修：医療面接 根拠に基づいたアプローチ．文光堂，東京，2006．

▶ 検査の必要性の交渉

●例1：悪い例

獣「診察の結果，糖尿病を強く疑います」

飼「糖尿病ですか…注射したりする病気ですよね？」

獣「はい，インスリンという注射です。そこで糖尿病の診断のために検査をします」

飼「（いきなり検査なんて言われてびっくりして）えっ，なんで検査が必要なの？ お金はかけられません」

獣「（困ったな…）除外診断も含め，血液検査，尿検査，外注検査などが必要です。費用は○○～○○円です。いかがいたしますか？」

飼「（きちんとした説明がないし，そんなに高いのならできないわ，と思いつつ）検査はいりません，治療だけにしてください」

獣「・・・・」

●例2：適切な対応例

獣「診察の結果，Aちゃん（猫）は，先ほどお聞きした病歴や身体検査により，急性膵炎という膵臓の病歴（猫の糖尿病は主に膵炎に続発）があること，よく食べること（過食），水をよく飲んで多量の尿をすること（多飲多尿）や，食べたり飲んだりしているわりに脱水し痩せていること，後肢の異常などの症状が確認されたことから，糖尿病が疑われます」（病歴を確認し，情報を共有）

飼「糖尿病ですか…注射したりする病気ですよね？」

獣「はい，よくご存じですね。猫ちゃんでもインスリンという注射をすることが多いですが，今のところまだ糖尿病を疑っているだけです。検査をしないと確定できませんので，検査を実施して

もよろしいでしょうか？」（希望を確認）

飼「ええ，やってあげたいと思いますが，でもどんな検査なのですか？ 負担はありませんか？ あと，私，年金生活なのであまり費用はかけられないのですが，いくらくらいかかりますか？」

獣「そうですね，検査にはいろいろありますが，最低限行いたいものとしては，血液検査で高い血糖値や糖尿病以外の病気がないか，尿検査で尿中に糖が出ているか，薄い尿をしているかなどを確認する必要がございますが，これらはそれほどの苦痛ではありません。病歴と身体検査だけでは情報が十分ではありませんので，確定診断をつけるためにできるだけ検査を受けて頂けるようお願いいたします（獣医師自身のジレンマ）。費用は最低限でも〇〇円くらいかかりますが，いかがでしょうか？」（検査の内容とその費用をお伝えし，検査を望まれるか再確認）

③質問するチャンスを与える

他に何か言い残していること，不満や質問がないかを確認する。もしこの時点ですぐに答えられない質問が出たら，おどおどせず，まずは相手の主張（疑問点や希望）を詳しくお聴きする。また，治療のあるなしにかかわらず経過を見る，または検査結果を待つ場合は，後日回答させて頂くことなどを伝えるとよい。

▶ 質問するチャンスを与える

獣「何か言い残したことや，ここがまだ理解できないといった疑問や，質問などはございませんか？」

▶ 質問にどうしても答えられない場合

獣 例1「宿題にさせてください」
獣 例2「それはすぐに調べて，後ほどご連絡させて頂きます」
獣 例3「次回までに調べて，Aちゃんにとって一番よい方法を考えておきますね」

④次に何が行われるか，そのとき予測される行動などを説明する

飼い主さんに対し，次に何が行われるかについて指導や指示をするのではなく，選択肢を含めて提案するというスタンスをとる必要がある。以下，具体例を紹介する。

▶ 選択肢を含めて提案するというスタンス

獣 例1「今回処方させて頂く抗菌剤は，時に胃や腸に負担をかけることがあります。そこで胃薬を併用（なぜ胃薬が必要かの説明も加える）しますが，お薬を飲んだ後，嘔吐や下痢などといった症状が強く出るようでしたら，お薬を飲ませるのを一時中止して，ご連絡ください」

獣 例2「次の来院時には，今回処方したお薬の反応を診させて頂くことと，その反応が悪いようなら先ほどお話ししたように血液検査をさせて頂きます。もちろんこれ以上の検査を希望されない場合は，お断りになっても構いません。そのときは状態にあったお薬だけを処方します（選択肢提示）。もし検査に前向きで，しかも投薬中に，飼い主さんから見てあまり状態がよくならないと

お感じになるようなら，血液検査をさせて頂きます。そのときは絶食が必要となります。もし…」

⑤関係を強化するメッセージ

獣医療面接や身体検査，その他の検査や治療が終わり飼い主さんが診察室から出るときに，今後の関係を強化するメッセージを伝えることで，今後の罹患動物，飼い主―獣医師（動物看護師）関係はよくなるので，終わり方も大変重要である。いつでも連絡してよいですよ，という態度や，何か予測できない事態が起こったときの対応の仕方などをお伝えするとよい。

▶ 今後の関係を強化するメッセージ

- 獣 例1「次回もまた，Aちゃんについてお話を聴かせてくださいね」
- 獣 例2「もしもお薬で食欲がなくなったら一時中止しても構いません。でもその場合は必ずご連絡ください。また，お薬を飲んでも体調がよくならなかったり，不安なことがあったらいつでも連絡または来院してください」

⑥終結宣言

最後に飼い主さんに感謝の意を表し，適切な別れのあいさつをする。

- 獣 例1「ではこれで終わります。ありがとうございました」
- 獣 例2「ごくろうさまでした，お大事にしてください」

著者は特に，「お大事に」ではなく，「ごくろうさまでした」または「お疲れさまでした」と飼い主に言うことが多い。当初は心理学的な考えがあって言っていたわけではなく，自然にそう言っていた（結果的には心理学的理論でいう，カウンセリングの「支持」であった）。それは飼い主の立場に立って考えると，罹患動物をわざわざ動物病院に連れて来るのは大変なことであり，感心するからである（特に天候が悪い，飼い主さんの体調が悪い，仕事を抜け出して来たなど）。

また，「お大事に」ではなく，「よろしくお願いします」とも言う。それは「これからAちゃんのために投薬，通院などの治療を続けてほしい」という思いからである。ただし，これらを**マニュアル的に使ってしまうと何も伝わらない。「支持」という基本的態度の背景があってこそ有効な言葉となる。**

つまり「支持」という基本的な考え方や概念さえあれば，これら言葉にこだわる必要もなく，それぞれの獣医師（動物看護師）が自分にあった表現法を使ってもよい。

また，飼い主さんが診察室を出るまでは頭を下げながら見送るか，診察室のドアを開けて，飼い主さんと罹患動物が出るまで付き添って誘導するというのもよい。すべては次につなげる飼い主―獣医師（動物看護師）関係の基盤をつくるためである。

+PLUS　QOLの使い方，間違っていませんか？

　我々臨床獣医師（動物看護師）がよく使う用語のひとつに，QOL（Quality of Life：生活の質）があるが，その使い方には注意が必要である。「QOL」を「生活を営む上での基本的行動」と解釈してしまい，治療により，元気や食欲，痛み，跛行などが改善したことをQOLの向上，または改善と間違って使用している場合がある。

　「え，違うの？」と思われる方も少なからずいるであろう。この「生活を営む上での基本的行動」とは，ADL（Activities of Daily Living：日常生活動作）の概念であり，QOLではない。つまり，今まで結果的には誤って使われていた，いわゆる「QOLの向上」は，「ADL（日常生活動作）の向上」となってしまうのである。

　では，真の「QOL」とは？ 人医でのQOLとは，人間の幸福感や満足感などの心理的側面や，社会的，生理的な側面など幅広い概念を含んだ質を重視したものである。それが生活の質の向上としてQOLと表現されるようになった。QOLの定義はWHOから「個人が生活する文化や価値観の中で，目標や期待，基準および関心にかかわる自分自身の人生の状況についての認識」と示された（田崎美弥子ら，2013）。

　このようにQOLとは，根本的に生命を営む存在における日常生活の充実感，満足感を意味しているが，患者，家族，医療者側などの立場や社会・環境や価値観（時にトラウマも関与）などの相違によって，QOLへの考え方や対応は非常に多様となっていることに注意が必要である。

　よって，医療者側と患者側の目標や結果，重点を置いている領域が一致していない場合は，医療者側が目標としている効果が得られたため満足していても，患者側の満足感（望んでいる結果）が伴わず，結果的にQOLの向上の評価に隔たりが生じてしまう。そのため，QOLについて各飼い主さんの信念，姿勢および希望を十分に考慮し，評価しなければならない。したがって我々獣医療では，罹患動物にはADLの向上を，飼い主さんにはQOL向上を考慮したニーズを理解する必要がある。

QOLに関する尺度

　QOLを客観的に評価できないのでは？ と疑問に思われるであろう。しかしQOLには世界的にも尺度が導入されている。

　アメリカでは，健康度・日常生活機能を構成する基本要素を測定する，アウトカム指標となる標準的尺度「Short-Form36-Item Health Survey（SF-36）」（日本語版もある）や，世界保健機関（World Health Organization：WHO）の「WHOQOL-26」（日本語版もある）などがある。「WHOQOL-26」の26項目は，身体的領域（7項目），心理的領域（6項目），社会的関係（3項目），環境（8項目），全体（2項目）に分かれる。これらQOL尺度は，がん，心筋梗塞，狭心症，心不全，心臓リハビリテーションの患者の評価にそれぞれあわせた専門の尺度が使われているため，我々獣医療においても獣医療専門のQOL尺度の構築が早期に望まれる。

　ただし，これらの基準はあくまで世界的な"ものさし"であり，人種や思想，社会，立場，個人の考え方など，不確定要素は多々存在し，今までの概念のとおり，人と人との関係が重要であり，柔軟に考えることが大切であることは言うまでもない。

第4章
積極技法と面接技法の応用

積極技法・技法の統合　飼い主への働きかけのための技法と
　　　　　　　　　　獣医療面接技法の応用例

積極技法・技法の統合

飼い主への働きかけのための技法と獣医療面接技法の応用例

❢ Keyword

積極技法　情報提供　自己開示　解釈法　論理的帰結　指示（宿題法）　積極的要約　対決

第2〜3章で解説してきたものは，P.28 図2-1-1「医療面接技法の階層構造」の第1〜2層にあたり，効果的で適切な病歴聴取を行う基礎である。

その上で第3層は，説明したり，教育したりといった獣医師（動物看護師）から飼い主さんへの働きかけのための技法で，**積極技法**と呼ばれる。

これらすべてを修得して初めて，第4層の技法の統合が可能となる。本章では，この第3層の積極技法と，第4層の技法の統合を解説する。

● 積極技法

罹患動物の病気の原因となっている飼い主さんの行動や，病気を治すために行っていたであろう誤った行動を変えてもらうことを「行動変容」というが，この行動変容を獣医師（動物看護師）による強い指示により行うのは，よほど人間関係が構築されていないとできない。

そこで獣医師（動物看護師）だけでなく，飼い主さん自身の考えなどを確認しながら，**飼い主さんの自己受容または自己決定の確認を促し，行動変容**させる必要があり，これを積極技法という。

この積極技法を利用し，前述したような指示により相手に強い影響力を与え行動変容させることも可能だが，もし飼い主─獣医師（動物看護師）関係が十分に確立されていない場合は，その関係が破綻してしまうので，飼い主─獣医師（動物看護師）関係に不安がある場合は強い積極技法（主に指示）はするべきではない。

よって，積極技法を使って働きかけを行う場合には，なるべく穏やかに影響力を与える技法から用いるのがよい。これから述べる積極技法は，すべて獣医師（動物看護師）から働きかけを行うが，それを受け入れるかどうかは飼い主さんの意志に委ねられる。

もしひとつの積極技法で効果的な働きかけができなかったら，無理をせずに他の積極技法を用いるとよい。

第4章 積極技法と面接技法の応用

強さ	順序	利用するもの
弱い	情報提供	事実のみ
↓	自己開示	自分の体験談
↓	解釈法	意識下の思い
↓	論理的帰結	各選択肢の結果
強い	指示（宿題法）	受容しにくい宿題

▶ 図4-1-1　積極技法の強さと順序や感情

▶ 図4-1-2　情報提供

　積極技法には弱い順から，**情報提供**，**自己開示**，**解釈法**，**論理的帰結**，**指示（宿題法）**がある（図4-1-1）。
　以下，具体的に解説する。

①情報提供

　情報提供は，積極技法のうち働きかけの最も穏やかなものである。これは聴き手に間接的な情報を与えることによって，飼い主さん自身で問題を解決しようと促すものである。例えば次のように，罹患動物のダイエットができていない飼い主さんに使う（図4-1-2）。

　獣「Aさん，Bちゃんの体重がまた増えているみたいなのですが…」

　この情報提供の特徴は，事実を相手に示し，その情報を活かすかどうかは本人の判断に委ねていることである。上記の場合「Aさん，ダイエットしなさい」と言うと指示になってしまうが，そこまで

81

言わないで事実だけを示したところにこの技法の特徴がある。したがって，その影響力を飼い主さんが受け入れない場合は効き目がないので，その場合には，次の方法に移る。

②自己開示
a．過去の自己開示（図4-1-3）

飼い主さんの悩みに対し，獣医師も同様の体験をしたことがある。そのときの体験談を利用し，次のような話をしてみる。

獣「私も（他の患者でもよい）Aさんと似た問題で苦しんだことがあり，○○という方法（治療）でうまくいきました」

そこで，

飼「そうでしたか，その方法はいいですね。私もその方法を試してみようかしら」

と言ったら自己開示が成功したことになる。

しかし…，

飼「それは先生の猫には通用したかもしれないですが，うちのAちゃんには無理ですよ」

と言うかもしれない。そんなときは素直に，

獣「確かにそうですね」「そうかもしれませんね」

と引き下がって他の技法に切り替えるか，次の機会を待つべきである。ところが意外にこれが難しい。獣医師が引き下がれずに頭にきてしまい「**せっかく私がとっておきの体験談を話したのにそれを無視された**」と怒った態度を示す場合がある。これでは援助者の立場としては失格である。援助する側には，いつも忍耐力が要求されることを知らねばならない。

b．感情の自己開示

飼い主さんの悩みを聴いているうちに，飼い主さんの胸のうちが伝わってくることがある。こちら

▶ 図4-1-3　過去の情報開示

が感じ取った感情を飼い主さんに伝えたとき，飼い主さんは自分のもっている気持ちを見直すきっかけになることもあるのである。

獣「Aさんの話を聴いていると，やはり今の治療法に不満があるようですが，そんな気持ちが心の隅にありませんか？」

飼「そーお？ 私はそんなこと思っていないけど…。でも，そう見えるのかしら？」

（コメント）

このように率直に自分を見直してもらうためには，日ごろの飼い主―獣医師関係が構築されていないと難しいが，できるだけ気楽に話し合える雰囲気をつくっておく必要がある。

③解釈法（図4-1-4）

解釈法は，飼い主さんが薄々気づいているものの，まだはっきりと意識化していないところを先取りする「明確化」の応用技法である。解釈法は，これまでのカウンセリングの理論の中で相手に対する影響力が最も大きい技法である。

しかし解釈法は理論に沿った解釈だけではなく，医療者が体験を通して獲得できる解釈の道筋もある。例えば，次のような人医療での会話の一例がある。日ごろ世話を焼かせている入院患者さんと看護師との会話，そして日ごろ獣医師（動物看護師）に対して特にお世辞を言わない飼い主さんとの会話を紹介する。

▶入院患者さんと看護師との会話（人医療）

患「毎朝お仕事ご苦労さまです。今日は一段とAさんきれいですね」

看「ヘェー，今日はどういった風の吹き回しなの？ はーん，分かった。昨夜遅くまで皆で騒いでいて，眠っていないでしょう」

患「あれー，どうして分かったのかなあ？」

図4-1-4　解釈法

▶飼い主さんと獣医師との会話

ケース1

- 飼 「(ややあせりながら) お忙しいところ申し訳ありません。お陰さまでAちゃんは元気いっぱいで，食欲も旺盛で…(このようなお世辞を日ごろ言わない方)」
- 獣 「あれ，どうしましたか？ Aちゃんが元気なのは嬉しいことですが，気になる問題でもあるのでしょうか？ もしかして食べ過ぎで体重が増えてしまったとか？」
- 飼 「あれー，どうして分かったのですか？ 先生にダイエットをするように言われていたのですが，ちょっと……」

ケース2

- 獣 「Aちゃん，その後はいかがでしょうか？ また，手術はご検討頂けましたか？」
- 飼 「いえ，手術はちょっと…，薬だけで何とかなりませんか (オドオドする)」
- 獣 「ん？ Bさん，Aちゃんの経過がよくないのですか？ それとも何か困ったことがあるのですか？」
- 飼 「えっ，そんなことはないです (汗)。(涙ながらに) 薬だけでいいのです」
- 獣 「Bさんは何か悩まれているようですね，もう少し詳しくお話をお聞かせ頂けませんか？ そのお話を伺ってから薬の処方をご相談させてください」
- 飼 「ええ，実はそうなのです。私は手術をやってあげたいのですが，実は主人が反対でして…」

(コメント)

このように飼い主さんの日ごろの状態や対応などをよく観察していると，体調面や精神面，行動パターンでの違いに気づき，治療を行う上での有効な解釈が可能になる。

④論理的帰結（図4-1-5）

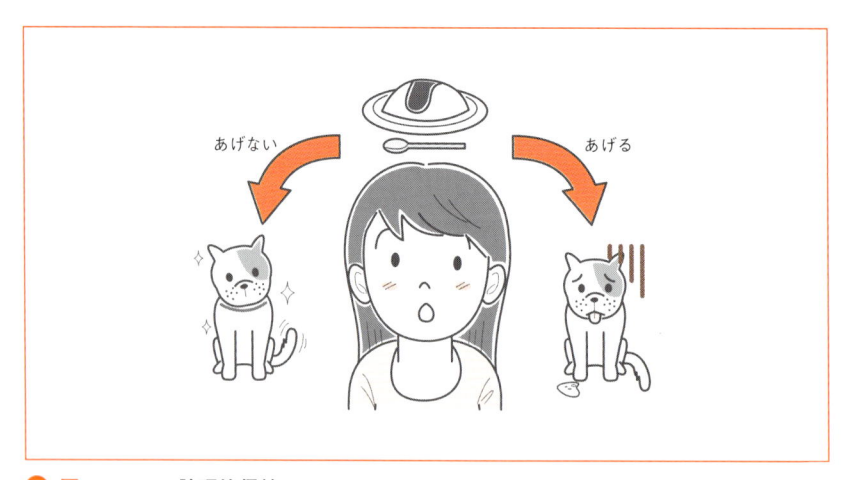

論理的帰結とは，いわゆる駆け引きであり次のような会話のやり取りである。

▶ 図4-1-5 論理的帰結

▶ **人の食べ物などによる食物有害反応で，消化器症状と皮膚症状を呈している罹患動物の場合**

飼 「先生，どうもAちゃんが私の食べ物を欲しがり，目で訴えるので，かわいそうで，もう我慢させることは無理です」

獣 「そうですか，残念ですね。でも，このまま再び人の食べ物を与えるとどうなっていくかご存じですか？（コース①）」

飼 「たぶん，この間のように下痢したり，吐いたり，痒みがひどくなったりするでしょうね」

獣 「じゃ，もっと我慢してAちゃんに人の食べ物を与えなくしたら，どうなりますか？（コース②）」

飼 「病気で苦しまず，今みたいに元気でいられる…」

獣 「じゃ，このまま元気でいられるのと，昔みたいにつらくなるのと，どちらがいいんですか？」

飼 「そりゃこのまま元気でいてほしいよ」

獣 「それならば，我慢して今の状態をもっと続けましょう」

飼 「…はい…」

（コメント）
　このように論理的帰結では，コース①を進んだ場合にどんな結果が予想されるか想像させ，コース②を進んだ場合にどんな結果が予想されるか想像させる。そして2つの結果を対比させ，どちらのコースがよいかを飼い主さん自身に選択させるのである。飼い主さんは自己決定したために，獣医師（動物看護師）などの他の人に責任転嫁できず，自己責任の下で行動変容できるのである。

⑤指示（宿題法）　図4-1-6

　獣医療面接の中で常に命令的な指示が必要なこともある。
　例えば遅刻の常習犯（人医療の入院患者さんの場合）に「Aさん，いつも遅刻しないようにしましょうね！」という命令は，その相手が怖い人であるときは守られていても，大抵続かない。よって本人

▶ 図4-1-6　指示（宿題法）

が，遅刻はいけないことであると自己受容し，遅刻しないように早く起きる，と自己決定しなければならない。

したがって，ただの指示ではない「指示という技法」が必要で，それには指示の中での「宿題法」がある。以下に人医の分野だが，入院患者さんと看護師という関係で具体例を示し解説する。

患 「今日も予約時間が守れずに遅刻してすみません」

看 「Aさんはいつも遅刻しているけど，何時に寝ているのですか？」

患 「それが…，朝までやっているテレビがありそれを見てしまうので，つい寝坊してしまうのです」

看 「じゃ，約束しましょう。今週の1週間は21時には寝ると！」（これは本人にとって少し大げさな目標を伝え，自己受容させやすくしている）

患 「えっ，21時は無理ですよ。23時でしたら何とか…」（結果的に，今まで朝まで起きていた患者さんが，23時でもきついのに21時という提案があったため，23時でよいと自己決定してしまっている）

看 「それでは約束しましょう。今週は23時には寝るということで。今度から予約時間に到着できたか記録につけておくわね」

患 「はい，分かりました」

（コメント）

指示は，指示通りに実行できたかどうか，必ず後からチェックを行う体制が必要になってくる。獣医療では，罹患動物の日常の様子を聞きたい場合，記録を促すことをしている。

例えば，心不全で肺水腫に陥りやすい罹患動物や，抗がん剤投与後の肺炎などの副作用チェックで呼吸数を記録してもらったりする。しかし，どうしても指示通り実施して頂けない場合は，前述したように，いったんハードルを上げて提案し，その条件より下がったものではあるが，結果的に相手の自己決定につなげられた，という方法を利用するとよい。

▶ 悪い例：ハードルを最初から下げる

獣 「Aさん，Bちゃんがまた命にかかわるような重度な肺水腫で運ばれてきましたが，この1週間のBちゃんの状態はどうだったのですか？」

飼 「いやー，よく分からないよ，元気だったと思うよ。急におかしくなったんだよ」

獣 「そうですか…それでは呼吸状態を把握するため，これから毎日1回でもよいので，呼吸数を数えてもらえませんか？」

飼 「そんな毎日なんてできないよ。忙しいんだよ」

▶ いったんハードルを上げて提案し，相手の自己決定につなげる

獣 「Aさん，Bちゃんがまた命にかかわるような重度な肺水腫で運ばれてきましたが，この1週間のBちゃんの状態はどうだったのですか？」

飼 「いやー，よく分からないよ，元気だったと思うよ。急におかしくなったんだよ」

- 獣「そうですか，それではBちゃんの悪い状態を早めに発見できるよい方法があるのですが，やって頂けますか？」
- 飼「ああ，家で何かできることがあったらやってみるよ」
- 獣「それはよかったです。それでは毎日同じような時刻に，安静時の呼吸数を1日3回数えて頂けますか？」
- 飼「1日3回なんて無理だよ，1日1回なら何とか…」
- 獣「分かりました。では1日1回でもいいのでお願いします」
- 飼「ああ，やってみるよ」

● その他の応用的技法

①積極的要約

積極技法ではないが，獣医療面接の最後に使うことの多い「積極的要約」という技法がある。

飼い主さんが述べたことをまとめて繰り返すことを「要約」というが，その逆で，獣医師（動物看護師）が述べたことをまとめて繰り返し，分かりやすく伝えることを「積極的要約」という。

つまり，獣医師（動物看護師）が「私が今までお話しさせて頂いたことをまとめると，○○ということです」と伝えることである。

②対決

「対決」という技法は，飼い主さんと獣医師（動物看護師）との対決ではない。

表面的には飼い主さんと獣医師（動物看護師）との対決に見えるが，飼い主さん自身の考え方や感情と，言動や行動との矛盾を自身で理解できるように，飼い主さんの中での対決を促すための手法である。

さらにそれを促す獣医師（動物看護師）の中でも，その考え方や治療方針が最良であるか，いかに最良な獣医療と，飼い主さんのニーズとのバランスのよい落としどころを取るか，などを葛藤する自身の中での「対決」も含まれることがある（図4-1-7）。

例えば，飼い主さんが治療してほしいと言いながら，守るべき治療法を無視し続ける場合，獣医師（動物看護師）は最良の獣医療とニーズとのバランスを考えながら，「あなたの態度（方針）はここが矛盾しているようです。あなた自身はその点をどう思いますか？」という内容を表現を変えて相手に伝え，行動変容を促す。

▶ 犬（7歳齢，去勢雄）の急性腹痛の場合（費用面での問題はない）

- 飼「Aちゃんを苦しませる検査はしたくありません。痛みだけ取ってあげてください」
- 獣「分かりました。ただ身体検査の結果，腹部痛であり，状態もかなり悪いので鎮痛剤などでの治療だけでは苦しみを取ってあげられない可能性があります。できれば何が原因で痛いのかを明らかにした方が，逆に早く苦しみを取ってあげられる可能性が高いのですが，いかがでしょうか？（獣医師自身は診断に間違いがないか，飼い主さんが選択した治療の予後などを考え対決している）」

積極技法・技法の統合　飼い主への働きかけのための技法と獣医療面接技法の応用例

図4-1-7　自身との対決

- 飼「（鎮痛剤だけじゃだめなのか…苦しませる検査はしたくないけど，と葛藤しながら）それは分かりますが，苦しませる検査はしたくありません。痛み止めだけお願いします」
- 獣「分かりました，それではいわゆる鎮痛剤の効果が高い筋骨格系の病気ではなく，腹部痛のようですので，検査をしていない今の段階では，一般的に安全で，腹部痛を軽減するであろう鎮痙薬を使いますね。それも効果が高いわけではないので，すぐに苦しみが取れるというわけではありませんし，状態が改善しないようならすぐにでも検査をお願いします（急な症状なので急性膵炎や異物，尿路結石などを考えているが，今できる最良の獣医療を提供しようと考える）」
- 飼「（検査はしたくなかったけど，だめだった場合にまた病院に来なくてはいけないかも？　それなら早く苦しみを取ってあげたいので，少しは検査をしてもいいかなと思いつつ…）何か検査をすれば原因が分かるのですか？」
- 獣「すべてが分かるわけではありませんが，ひとつでも行えれば何らかの疑われる原因がつかめるかもしれません。Bさんは苦しませる検査は望まないということですが，あまり苦しくない検査なら行ってもよいということですか？（自己決定を促す）」
- 飼「（え，そうは言ったけど…でもやってもいいかなという対決）苦しくない検査なら…」
- 獣「（最低限の検査が何なのかと葛藤しながら）それではまず，腹部痛の原因として異物による腸閉塞，尿路結石などを除外するためにX線検査をさせてください。X線検査はAちゃんを少し押さえますが，針などを刺したり，麻酔をかけたりなど苦しみやリスクはあまりありませんのでお任せください（X線検査でも苦しみやリスクがゼロではないが，おとなしい犬だし，胸部疾患などのリスクもなさそうなので大丈夫であろうと考えつつ）」
- 飼「はい，お願いします」

第4章　積極技法と面接技法の応用

▶ 図4-1-8　すぐには答えられない質問をされたとき

● 補足：こんなときにはどうするか？

あくまでもマニュアルではなく，問題をひもとくひとつのヒントとして解説する。

ケース1：飼い主さんが話をしてくれない

飼い主―獣医師（動物看護師）関係がうまくできていないのに獣医療面接がはじまった可能性もあるが，そうではない場合，「開かれた質問」を多用し，話をふくらませ「繰り返し」や「明確化」，「閉ざされた質問」を用い，具体的に回答しやすい質問をして次の発言を促すことを試みる。

ケース2：飼い主さんの話が止まらない

話し好きの飼い主さんは，話せないことで「受容」や「共感」がないと感じるので，できる範囲内で傾聴する必要がある。ただし，それにも限界があるため，会話に隙ができたとき，「要約」「焦点づけ」の技法を用い獣医師（動物看護師）主導の誘導を試みる。もし隙がでなかった場合は，ボディーランゲージを用いて（手で制しながら），「Aさんちょっとすみません。私が混乱してしまいましたので，この辺で今までのことをまとめる（要約）と○○ということですね」と言ってみる。

そうするとその後，焦点のはっきりとした話をするようになることが多い（國分康孝，1979）。しかし注意点は，こういった飼い主さんは話をまったく聞いていない場合があるということである。

ケース3：すぐには答えられない質問をされたとき（図4-1-8）

飼い主の気持ちに焦点をあてた「傾聴技法」で対処する。

例えば「治りますか？」という質問に対し，「治ります」と言えないなら，飼い主の気持ちを受け取り「治るといいですね，そのために私は全力をつくしますのでAさんもご協力くださいね」などと言って対応する。

- 患者の質問の多さと医師からの温かい共感的対応との間には
  正の相関関係が認められる
- 患者からの質問の多さは低い満足度の表れである

▶ 図4-1-9　患者からの質問の多さ

ケース4：質問が多すぎて困る

ときどき獣医師（動物看護師）の説明に対して，細かくひとつひとつ質問する飼い主さんがいる。話が先に進まず，時間もかかるので困ってしまうことがある。例えば，血液検査，X線検査，超音波検査の結果などをひとつひとつ説明してから総合診断をしたいのに，その都度，その理由を質問されることがある。そういった場合は，真摯にひとつひとつ対応すればよいのだが，時間がない場合は，「最後にこれらの結果を総合的にまとめ，診断結果をお話しますので，少しだけ私に時間をください」と伝えればよい。

しかし人医では，「患者の質問の多さと医師からの温かい共感的対応との間には正の相関関係が認められる」や，「患者からの質問の多さは低い満足度の表れである」という報告がある（図4-1-9）。

よって，質問が多くて困ると考えるのではなく，共感して頂いているのか，それとも獣医師（動物看護師）自身の説明不足ではないかとも考えるべきである。またその質問を活用して，よりよい飼い主—獣医師（動物看護師）関係を築くことも可能であり，できるだけひとつひとつの質問に真摯に対応しながら，獣医療面接を行う必要がある。

ケース5：治らないなら病名は聞きたくないし，検査や治療も望まないと言われたら

矢野ら（2013）の報告によると，最新の獣医学知見に基づく検査を希望している飼い主さんは約25％で，さらに最新の獣医学知見に基づく治療を期待している飼い主さんは約10％と低く，逆に苦しみを取り除く治療だけを希望された飼い主さんが約80％であった。

この報告の中で，飼い主さんは特に治療の内容というより，獣医師の人間性などの資質や治療プロセスの適切な説明を期待していた。つまり，人間的に信頼できる獣医師が適切な説明のもとに行う獣医療であれば，最新の獣医学（＝距離が遠く，費用が高い高度医療施設に行く必要がある）ではなくても，飼い主さんが納得していればよいということなのかもしれない。

ただし高度医療に対しては，その施設や飼い主さんにより解釈の違いもある。

著者の近隣の動物病院で実際にあったことだが（飼い主さんからお聞きした話なので事実と異なる部分もあるかもしれない），その飼い主さんのかかりつけの病院では血液検査はしないそうで，理由として血液検査で何か分かってしまったら飼い主さんの精神的な負担になるからであり，血液検査を希望する場合は，できる施設を紹介するとのことであった。それでたまたま紹介病院ではなく，近隣である当院にその飼い主さんがいらっしゃったわけだが，血液検査だけでも，その病院の飼い主さん

にとっては，ある意味高度医療となったわけである。わざわざ他に行くのも不安だと思われたその病院の飼い主さんの中には，「そこまでしなくても先生のところでできる範囲だけでいいわ」となることも多い可能性もある。その病院のかかりつけの飼い主さんが，それらを知っていてその病院にかかっているとしたら，いろいろなニーズがあるのだと改めて感じたことであった。

また，特例（先天的疾患，心疾患や慢性腎不全の末期，すでに簡単な検査でも悪性腫瘍により全身転移が疑われる場合など）を除き，「治りにくい病気」は判断できるが，「治らない病気」の判断は難しい。

一般的には，できるだけ苦しみを取り除く治療を提供するためにも，必要なら高度医療により，的確な診断をしなくてはならない場合がある。本来なら，獣医師の責任としてその判断のために必要と思われるなら，自身の病院で行える・行えないは別として，高度医療の提供や，時には他の施設での検査を勧める必要があり（結果的に飼い主さんが選択されなくてもよい，すべての選択肢を説明していれば説明義務違反とはならない），その結果を踏まえ，治療の選択の中で，高度医療を選択するか，ADL/QOLを上げる治療だけにするかを決めるのが本質である。

著者の施設でも精査後，最終的な診断に迷う症例では，検査のみを目的とした高度医療施設の利用をほとんどの方が希望され，そのうち半数以上の方が高度医療施設で治療も行っている。それは罹患動物のどこが苦しいのか，どんな病気であるか，その病気は治るのか治らないのか，どんな治療をしてあげられるのかについて不明な点があるからこそ検査だけはしっかり行い，確定診断しなくてはならないからである。

よく，「治療の方にお金をかけたいから高い検査はしたくありません」と言われることがあるが，それは逆である。何だか分からない病気に対症療法で推し進めるくらいなら，検査にお金をかけ（もちろん必要不可欠なものだけである），確定診断して最低限であるが適切な治療を行う方が，逆にコスト削減＋苦しみの軽減ができ，結果的にベストな獣医療が提供できる可能性が高い。

場合によっては，確定診断後「何もしない」と飼い主さんが判断したとしても，飼い主さんが十分理解した上での結論であれば，それも罹患動物にとってベターな獣医療となる可能性もある。

もちろん地域性，顧客層などのバイアスもあるとは思うが，それがプロの医療従事者として必要な姿勢ではないかと思われる。

やはり獣医師（動物看護師）には，飼い主さんに寄り添い，ともに共感し，飼い主さんの感情や立場，ニーズを十分に理解しながら，最良の治療を選択できるよう専門家（影響力が強いという認識も必要）としての考え方や治療方針をすりあわせ，最善の落としどころを，優先順位をつけて共同して探る（すりあわせ）という支援が重要である（図4-1-10）。

▶悪い例

獣医師が適切な対応をせず，最初から飼い主―獣医師関係が破綻している例

飼　「Aちゃんの病気，治らないなら病名も知りたくないし，苦しませる検査も治療もしたくありません」

獣　「（検査もしなくちゃ何も分からないよと少し怒った口調で）まだ検査もしていないので治る病

```
        問題点   すりあわせ   優先順位
```

問題点と優先順位を飼い主さんと一緒に決めていくという過程（すりあわせ）において，飼い主ー獣医師（動物看護師）関係をより対等なものにする

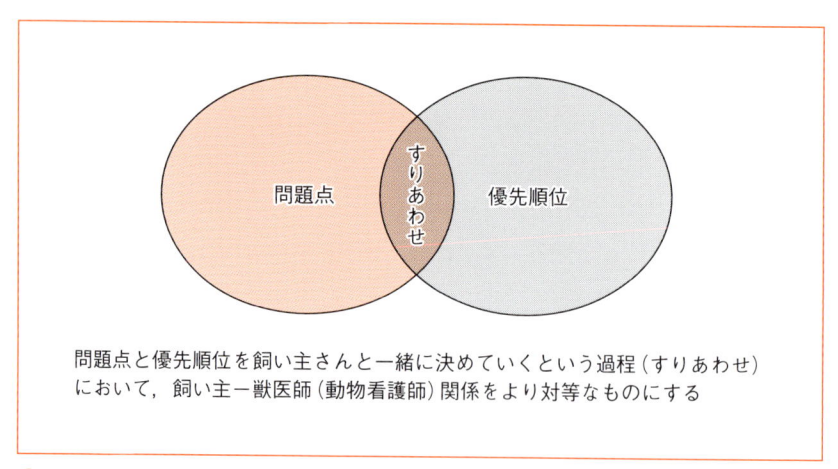

▶ 図4-1-10　問題点と優先順位

気かどうかも分かりません。Aちゃんのために何もしたくないということでしょうか？」
飼「そんなことは言っていません！　苦しみをとる治療だけしてほしいだけです」
獣「苦しみをとる治療だけとおっしゃいますが，どんな苦しみがあるのかさえもまだ分からないのですよ。それでは苦しみをとる治療さえもできませんので検査をしてください」
飼「苦しませる検査はしたくありません。痛がっているようなので痛み止めでいいです」
獣「分かりました。鎮痛剤だけ出しますが，原因を究明できていないので苦しみがとれないかもしれないことは理解してください（後でどうにかしてほしいと来院するだろう，またはもう来なくてもよいと思っている）」
飼「分かりました（この時点で転院しようと思っている）」

(コメント)

　これでは誰も幸せになっていない。獣医師（動物看護師）は動物の苦痛をとるためにも飼い主さんと適切な対応をする義務がある。しかしこの獣医師は「飼い主が分かってくれない」と考えるだけで何も気づきがない可能性がある。こういった対応をしているといずれ医療訴訟につながる可能性が高い。そこで問題の起きにくい対応をした具体例を以下に示す。

▶ 適切な対応例

飼「Aちゃんの病気，治らないなら病名は聞きたくないし，苦しませる検査や治療もしたくありません」
獣「そうですか，治らない病気なら聞くのがつらい，検査や治療を希望されないというのは，BさんがAちゃんの状態がかなり悪いのではと思っているということですね，その根拠は何ですか？」
飼「はい，何となくですが…。たぶん，がんなのかなと。私，身内をがんで亡くしており，闘病生活を知っているものですから，あのようなつらいところを見たくないのです」
獣「なるほど。以前，身内の方ががんという重い病気にかかり，その苦しい闘病生活を見ており，

その印象でがんという病気に関してはトラウマとなっており，Aちゃんの体調が悪くがんのような気がするので，がんならがんと知りたくないし，それを知るための検査や，がんのための治療なら望まないということですね．Bさんのお気持ちよく分かりますよ」（繰り返し，確認，共感）

飼 「すみません，分かって頂けますか？こんな思いなので，痛みを取る治療だけでいいです」

獣 「Bさんの意向はよく分かりました．ただ今現在，Aちゃんは飼い主さんから見ても分かるくらい重病のようです．病歴と身体検査により考えられる病気は，左のお腹にしこりがありますので，お腹の臓器の位置（解剖学的）により，脾臓のしこりの可能性があります．しこりは悪性腫瘍（がんという言葉をできるだけ避ける）の可能性もありますが，血腫という血の塊や，過形成血管腫という良性脾硬病変（放置してもよいというものではないという解説も加える）の可能性もあります．良性のものは取れば治るのです．もし悪いものだったとしても取った後，適切な治療をすれば長生きできるものもあります．そこで提案なのですが，まずはお腹のしこりが本当に脾臓のしこりなのか，さらに今現在，そのしこり以外に体調に問題がないかだけ調べさせて頂けませんか？Aちゃんの苦しいところがどこなのかを検査によって究明したいのです．費用は○○円くらいです．費用の問題があるようでしたら無理にとは言いません．ご検討ください」

飼 「…．検査でつらい思いをさせたくありませんが，何もしゃべれないAちゃんの苦しみが何なのかは知りたいので，お願いできますか」

獣 「はい，分かりました」

検査後，

獣 「やはりお腹のしこりは脾臓のしこりでした」

飼 「え，それはがんなのですか？」

獣 「今のところ，先ほどお話したように，脾臓のしこりが悪いものではないかもしれませんが，がんを否定はできません．それを知るには手術で脾臓を取らなくてはなりません．しかしAちゃんは1年以上前からお腹が張っていたということなので，悪性腫瘍ではないかもしれません．例えば血管肉腫やリンパ腫などの悪性腫瘍だったら，ここまで大きくなる前に何らかの容態の悪化があるでしょうから，確率論から言えば治る可能性のある病変かもしれません．よって手術で治る病気の可能性も残されているのですよ」

飼 「そうですか…．しかし，かわいそうなので手術はしたくありません」

獣 「そうですか，分かりました．しかし，これだけは覚えておいてください．検査で分かったことですが，しこりはかなり大きく血液が充満しているので，急に興奮したり，激しい運動をしたり，お腹をぶつけてあたりどころが悪ければ破裂する可能性があるようです．もし，それが破裂したら，お腹の痛みが何倍にもなり，一気に容態が悪くなり，緊急手術をしないと苦痛が増え，つらさが増し，時に死亡する可能性があります．何もしないというリスクの低い医療を選択したはずなのに，逆にリスクを増やしてしまうかもしれません．本来であれば，今現在まだ元気のあるうちに，できるだけ早く取った方がいいのです．もしこのまま様子を見るなら，いずれ破裂したときは今より何倍もリスクが高くなること，当院で対応できないときは他の病院での緊急手術となることをご了承ください．手術を勧めているわけではありませんが，とにかくそのリスクをご理解頂きた

いだけです。それでも内科療法を選択された場合は，こちらもできるだけ最良の獣医療を提供できるよう尽力させて頂きますので，遠慮なくご意向をお伝えください」

飼　「そうですか…。様子を見ることで逆にAちゃんに苦しみを与えることにつながるなら，早く取ってあげたいと思います。他の病院などではなく，信頼する先生にやってもらいたいから手術は前向きに考えたいと思います」

獣　「そうですか，ご理解頂きありがとうございます。ただし，手術はリスクを伴うものなので，もう一度ご家族でよく相談してみてください。もし，分からないことや不安なことがありましたら，いつでも連絡ください」

人間の行動は他人の評価にも左右されるので「他人の評価」を使って相手の心にあるポジティブ感情のスイッチを入れましょう

- ●ビジネス　「ここだけの話ですが，AさんもBさんもすごく迷われていました。結局は決めて頂いたのですが，しっかり検討して頂いてて，私としてはうれしかったです」

- ●獣医療面接　「この治療法は多くの方が迷われています。結局は，治したいという思いから選択される方が多いのですが，しっかり検討する時間も必要ですので，あせらずゆっくりお考えください」

決断の下駄はあえて相手に預け，時間をおく，またはあえていったん引くのがコツ

あと一歩で理解が得られそうだが，それからなかなか煮え切らない場合
出典）渋谷昌三：面白いほどよくわかる！他人の心理学．西東社，東京，2012．

なぜ飼い主は分かってくれないのか？その理由…
① 自分は一番正しいと思っていない？
② 受容という美名のもとの気の弱さを合理化していない？
③ 治してやっていい格好しようと思っていない？
④ 避けたい項目を気づかぬふりをして避けていない？
⑤ 異性や権力者へ近づきたい，金銭的な欲求などを満たしたいと思っていない？
⑥ 分かってくれない飼い主へ何らかの不安や恐怖はない？
⑦ 何らかの負い目はない？
⑧ そもそも飼い主から警戒されていない？

該当していませんか？
出典）國分康孝：カウンセリングの技法．誠信書房，東京，1979．
　　　渋谷昌三：面白いほどよくわかる！他人の心理学．西東社，東京，2012．

+PLUS 悪い知らせを伝える方法

「悪い知らせ」とは，いわゆるがんの告知だけでなく「受け取る側の希望や期待を裏切るような情報」すべてを指している。

近年，人医では「悪い知らせ」を伝えるにあたり，必要な配慮や技術を整理したガイドラインのひとつに「SPIKES（スパイクス）」モデルがあるが，これは獣医療面接の基本と同じではあるが，参考になるので紹介する（鈴木ら，2011）。

S：場の設定（Setting）

患者さんと信頼関係を築くため，プライバシーが守られるよう配慮することや，過ごしやすい部屋を整えることが含まれる。

P：患者さんの理解や確認（Perception）

患者さんやその家族が，現在生じている問題をどのように考えているかを確認する。

I：患者さんへの説明に対する希望・受け入れの確認（Invitation）

患者さんやその家族に，現在の状況についての医師からの説明を希望するか確認する。

K：医学的情報の提供（Knowledge）

必要な情報を少しずつ伝える。その際，患者さんがどの程度理解しているかを頻繁に確認する。また，専門用語は極力使わないように心がける。

E：共感的対応（Empathize）

患者さんや家族への共感を示し，相手がどのように感じているかを理解するよう努める。

S：要約と今後の方針（Summary and strategy）

説明した内容をまとめ，今後の治療方針などについて相談する。

+PLUS 人は優れた生物なのか？

先日，医学業界の腸性免疫の一流研究者とお話させて頂く機会があり，大変失礼な話だが，私の愚問を投げかけてみた。「人間って生物としては退化した動物だと思うのですが，どう思われますか？」と。

その先生は怪訝な顔をして「えっ（何言っているのだ，他の動物より大脳が発達し手先も器用なため交通手段や医療も発達し，抗体もIgEまで産生できる，優れた免疫機構を持っている生物だぞという雰囲気）」とおっしゃった。

これはまずい質問をしてしまったなと思ったが，私の性格はそこまで殊勝ではなく，「抗体のクラススイッチを多くしなくてはならないということは，確かに外界の刺激に対応して進化し生き残った優れた動物であるという見方もありますが，そうしないと生きていけない動物であるということは，このようなシステムが必要ない生物にくらべ弱いということではないでしょうか？」とさらに愚問を重ねた。

予想通り（皆さんもそう思われたでしょうが），ますます非言語的メッセージで「？？？（何だこいつは？）」という無言の返事が。さすがの私もそれ以上質問せず，他の質問に切り替えたが，皆さんはどう思われるであろう。

元々人は海の中から逃げてきた生物の子孫であり，ある意味負け組である（脊椎動物の中では，魚類には抗体のクラススイッチはなく，哺乳類だけが抗体遺伝子のアイソタイプが4つある）。さらに人は火や道具を使うことで生き残り進化してきたが，逆を言えばそういった道具を使わないと生き残れなかった生物であるということである。現代人は生活習慣を便利にすればするほど，便利なようで不便になり，健康なようで不健康となり，体力が低下し，抗菌剤やワクチンなどに頼らないと生命力を維持できないほど，生物としては退化しているのではないだろうか。

もし最も優れている生物を挙げるなら，外部に頼ることもなく抗体もいらない，ゾウリムシだという先生もいるが，私もこの考え方を大いに支持する。現代人は長寿になってきたが，最後の10年は何らかの医療に頼った上での長生きであり，ある意味人として生きていない可能性がある。

よって「果たして長生きすることに美徳があるのだろうか」とさえ思われる。さらに，むやみに高齢化させすぎたことによりひずみが生じたためか（これは動物にも言えることだが），生物学者の言う「生物学的終焉スイッチ」であるいわゆる「がん」が増えているという背景もある。

iPS細胞などの再生医療研究（個人的には大変支持しているが）が進歩しているとも言われているが，こういった進歩が逆に人間を破滅に向かわせているのではないかと少し不安に思うのは，私だけではないはずだ。

第5章
獣医療面接の学習法

- 様々な学習法　座学，実習，ロールプレイング…
- シナリオ案　初級編，中級編，上級編

様々な学習法

座学，実習，ロールプレイング…

---
❶ Keyword

| 健康教育　学習法　OSCE　ロールプレイング　フィードバック　シナリオ |

　これまで獣医療面接の概念や構造，技法の具体的なプロセスなどを解説してきたが，その具体的な学習法について困惑する方が多いのではないだろうか。その学習の基盤として有用な健康心理学の一分野である健康教育論をひとまず紹介する。

　健康教育とは，健康の維持・増進と疾病の予防，治療に貢献する健康心理学のひとつの重要な応用分野であるが，その定義は，「健康へと導く行動の自発的適応を容易にするように計画された学習経験の多様な組み合わせ」である。つまり学習者が主体的に関与し，自ら考え，生きた知識として同化する過程（情報の解釈や使い道を自ら考え発信できるよう自分のものにすること）を含められるよう支援することである。

　つまり，情報を集め知識を深める情報提供的学習法だけでなく，ひとつひとつの問題に対応できるようにする問題解決的学習法や，様々な意見交換を可能とする討議的学習法，さらに，意欲を高め技能に習熟するための実体験的学習法などを組み合わせていくことで実りある学習法となる。

　そこで本項では，獣医療面接技法の具体的な学習法や，医学界の取り組み，獣医界における今後の展望などについて解説する。

● **主な学習法**

　最低限理解してほしい知識については4章までに記述してきたが，それはあくまでもスポーツであるなら基本的な型を学んだだけである。その型を基本に，後は実践あるのみであるが，効率的な学習方法を模索してみたい。著者が考えるひとつの方法として具体例を示す（図5-1-1）。

　①は情報提供的学習法であり，その他はすべて実体験的学習法または模擬実体的学習法が主体である。これらの中には，問題解決的学習法や討議的学習法も含まれるため，ひとつの学習法だけではなく，それらの組み合わせが大切である。

第5章 獣医療面接の学習法

```
①参考図書や論文を読み，  ②大学病院での       ③一次診療施設で
　講義を聞く              臨床実習             研修する
　（情報提供的学習法）

④日常会話              ⑤遊び・サークル活動・   ⑥OSCE（オスキー）で
　から学ぶ                サービス業から学ぶ     学ぶ
```

▶ 図5-1-1　主な学習法

①参考図書や論文を読み，講義を聞く（情報提供的学習法）

　獣医療面接を学ぶにあたり，獣医学（動物看護学）分野には医療面接関係の書籍や論文がほとんどないため，まずは人の医療（臨床）面接の書籍や論文を参考にする。さらに，それにかかわるナラティブ・ベースド・メディスン（NBM），エビデンス・ベースド・メディスン（EBM），臨床心理学，倫理学（バーナード ローリン，2010）などや，本書の参考文献を参考にしてほしい。

　また，講義に関しても獣医学分野ではNDK（農場どないすんねん研究会）などコミュニケーション関係の研究会があるが，まだまだ学ぶ場が少ないため，人医療分野のコミュニケーション関連の学会に参加するのもよい。

②大学病院での臨床実習

　学生や研修医にしかできないが，大学病院での臨床実習という方法がある。

　大学病院は二次診療施設であり，信頼できるかかりつけ医からの紹介であること，大学の獣医療は先進的であることなどを理由に，飼い主さんとは受診前から大きな信頼関係がある。よって学生や研修医は，それを逆手にとって思い切って飼い主さんと話してみてほしい（もちろん指導医の許可は必要である）。

　ただし学生や臨床経験の浅い研修医は，この実習が今後の診療に大きく影響する可能性があることを自覚するべきであり，元々系統立った病歴聴取は難しいので，不安なことや希望などをお聴きするか，できれば飼い主さんをリラックスさせる世間話などからはじめるべきである。

③一次診療施設で研修する

　一番有効な方法は一次診療施設，いわゆる一般の動物病院で研修することである。

　大学病院は二次診療施設であり，独特な飼い主─獣医師（動物看護師）関係があるため，一次診療施設とは大きく違う。大学病院では，学生が病歴聴取または獣医療面接をしたとしても，教育病院で

あるという前提であるためか，飼い主さんたちは信頼し，学生のつたない対応にも教育に参画するようなお気持ちで，積極的に話をしてくれる。

しかし一次診療施設では，学生や臨床経験の浅い臨床獣医師（動物看護師）でさえも，そうはいかない場合が多い。やはり獣医療は「サービス業」であると認識しなくては対処できないことが多々あるのである。文章では説明できないこともあるため，とにかく生の現場を体験してほしい。いったん臨床現場に出た獣医師（動物看護師）では難しいかもしれないが，学生であれば受け入れ施設は多いので，その立場を利用し多くの一次診療施設の見学，または実習を行うとよい。

学生は，CT/MRIなど最新の検査や手術など，花形の獣医療に注目しがちだが，それよりまず獣医療面接ができないとすべて実施にたどりつけないので，学生時代からそれらばかりに執着する必要はない。それより，いわゆる問診（獣医療面接）をどのように行っているかに注目する必要がある。診察の流れ，飼い主さんの反応などを見ると，各病院が提供している獣医療の本質がうかがえるので，診察室をよくよく見学させてもらうとよい。

ただし中にはトラブルや医療過誤などを予防するため，学生には診察室を見学させない動物病院もある。開業医の立場としてそれも仕方がないと思われるため，否定はできない。

④日常会話から学ぶ

友人，知人，親類などとの会話において，傾聴の姿勢の訓練をする。普段から傾聴ができていると，スムーズな獣医療面接が可能であり，しかもこういった姿勢や態度は相手に不快感を与えないため，周りからの印象がよくなり，「相談したくなる人」「頼りがいがある人」になるかもしれない。以下，夫婦の会話を題材に傾聴技法に着目した会話の具体例を示す。

▶傾聴技法を用いない場合の夫婦の会話

仕事から帰宅したばかりの夫と妻との会話

妻「何だか最近，1日中だるいのよね，しかも手の指の関節が痛いのよ。何か病気かしら」
夫「…ああ」
妻「何なの，聞いているの？」
夫「え，指が痛いとかだろ。気のせい，気のせい，病は気からというだろ」
妻「馬鹿にしているの！」

（コメント）

これは，妻としては（確かに病気ではないと思うけど，心配だな）と思うが，とにかく話だけ聞いてほしいという意味で話をしただけなのである。夫は（仕事で疲れているのでゆっくりさせてよ）と思いつつ，（神経質な妻だから大丈夫だろう）という意味で「気のせい」という前向きな会話をしたのである。ただし，お互いの意図は相手に伝わっていないのでトラブルとなった。これを傾聴の姿勢（とにかく話を十分聞いてあげる）に変え，対話をすれば以下のようになる。

▶ **傾聴技法を用いた場合の夫婦の会話**

妻 「何だか最近，1日中だるいのよね．しかも手の指の関節が痛いのよ．何か病気かしら」

夫 「え，だるくて指が痛い？ それは確かに心配だね．熱はないのかい？」（要約＋共感＋閉ざされた質問）

妻 「そうね，熱はないわ」

夫 「それなら病気というより，とりあえずは単純な原因はないかな？ 最近，指を使いすぎたことはなかったの？」

妻 「そういえばここ10日くらい，ガーデニングで庭の草木の剪定をしているわ」

夫 「もしかしたらそれで体と指が疲れているのかもね．無理せず少し休めば？ 休みには自分も手伝うからさ」

妻 「そうね（何だか元気になってきたわ），ありがとう」

（コメント）

実際はこんなにうまくはいかないだろうが，相手の話を聴く姿勢が大切となる．身内はなかなかまともに話を聞いてくれないし，反応も悪いことが多いので，こういった訓練を繰り返し，身内でうまくいけば飼い主さんへの対応で悩むことは少なくなる可能性は高い．

⑤ 遊び・サークル活動・サービス業から学ぶ

獣医療面接に長けている獣医師は，親御さんからの教育も含め，若いころから社会のしくみや不合理なことを学ぶ機会が多かったのではないかと思われる（中には臨床獣医師となってから揉まれたという先生もいるであろう）．多くの人々と交流のある遊びや上下関係の厳しいサークル活動などでもよいが，一番有効なのはサービス業などのアルバイトを行うことである．

同じアルバイトでも内勤や裏方の仕事ばかりでは，社会に揉まれることが少ないため，できれば居酒屋やファストフード店などの飲食業で人と接し，表に出るサービス業を経験するとよい．学生は時間があるので，ぜひ人間形成のために，社会で通用する大人になるために積極的に社会に揉まれる活動をしてほしい．そういったスキルのある学生は，このような獣医療面接を学ばなくても，良好な飼い主—獣医師（動物看護師）関係が構築できてしまうのも事実なのである．

⑥ OSCE（オスキー）で学ぶ

獣医療面接（技法）の修得は，獣医師（動物看護師）にとっても獣医（動物看護）学生にとってもいずれ必須の課題となる可能性が高い．筆記試験（共用試験のComputer-Based Testing：CBTなど）や口頭試問により，知識が修得されているかどうかについての評価はできるが，技術，態度を評価することは難しい．そこで医学部では以前から行われている取り組みであるが，我々獣医学教育にも取り入れられはじめた評価法に，客観的臨床能力試験（Objective Structured Clinical Examination：**OSCE**，オスキー）がある．

OSCEを簡単に言えば，シミュレーションやロールプレイング，模擬患者を組み合わせた実技試験である．OSCEで評価できる臨床能力は，医療面接に限らず，身体診察法，画像診断，外科的手技な

ど様々であり，医療面接の能力評価評価法として大変優れた方法なのである。

医学教育では，OSCEはすでにほとんどの大学で取り入れられ（2001年からトライアル，2005年正式採用），一部の専門医の認定試験にも採用され，さらに今後，医師国家試験にも取り入れられていく予定である。

残念ながら獣医学（動物看護学）教育でのこのような取り組みは，10年以上遅れているのが実情である。今までは「飼い主の立場に立った飼い主本意の診療」の教育ではなく，師弟制度のようなものであった。今後，獣医療でのOSCEの導入により，学生個人の能力にあまり左右されず，効率的に一定水準（最低限）の能力を獲得させることが可能となると考えられる。

a. 獣医療面接でのチェックポイント（私案）

OSCEで評価される項目は，獣医療面接において最も基本的で大切な項目である。これらをスモールグループにより重点的に学習することは，きわめて合理的である。

以下，人医の医療面接をもとにした獣医療面接のチェックポイント（私案）を解説する。

> ①面接が望ましい基本的な態度（視線，言葉使い，獣医師［動物看護師］の立ち位置など）によってなされているか？
> ②面接の開始・導入（あいさつ，名前の確認，自己紹介など）は適切か？
> ③話の進め方（最初は自由に話をしてもらう，話を促す，後半で細部を明らかにする）は適切か？
> ④共感的・支持的態度が表現されているか？
> ⑤まとめと確認が適切になされているか？
> ⑥良好な飼い主—獣医師（動物看護師）関係が構築されているか？

> 　面接の内容に関しては，主訴について得られた情報（いつから，どこが，どんなふうに，どの程度など）と，主訴以外の重要な情報（受診，服薬状況，希望，心配，罹患動物のプロフィールなど）がどの程度聴取されているかについて評価される。

人医における医療面接で，受験生にとって最も難しいのは，③話の進め方，④共感的・支持的態度の表現，⑤まとめと確認，の3項目といわれている。

通常の問診では，閉ざされた質問を多用し，一問一答式に慣れているため，「それに対して詳しく話をしてください」というようなふくらませる質問で患者の話を引き出し，あいづちや繰り返しでさらに話を促進するという聴き方は，教育されていないとなかなかできない。

また，病歴聴取という情報収集に一生懸命になるあまり，周りがみえず，患者さんが「苦しいのです」と訴えても共感表現を返す余裕がなく，結果的に「他に何かありませんか？」と話題を変えてしまうらしい。

それができない学生は⑤のまとめと確認はできないことが多い。よってこれらは有用であり，評価

> ①繰り返し行うことができる
> ②飼い主さんを害さないなどリスクを排して安全に行うことができる
> ③学習に必要な場面（沈黙，抵抗，饒舌など）を自由につくれる
> ④学習者の準備段階や到達目標によって設定の難易度を変えられる
> ⑤十分時間をかけて振り返りとフィードバックが行える
> ⑥飼い主役を演ずることにより，飼い主さんの気持ちやどのように応対してほしいかが分かる
> ※時に飼い主役と獣医師役を交代したり，討論形式で意見交換をしたりするのもよい

▶ 図5-1-2　シミュレーション教育のロールプレイング：6つの長所

のポイントとなるのである。

b. スモールグループによるロールプレイング

[模擬獣医師と模擬飼い主]

　獣医学教育には，獣医学という科学の一分野を研究する科学者（研究者）や公衆衛生に携わる獣医師などを育てるという側面もあるが，飼い主さん（畜主），罹患動物（患畜）を診察して病気を治す「臨床獣医師」という職業人を育てるためのプロフェッショナル教育という側面もある。飼い主さん，罹患動物という生身の相手に深くかかわることになるので，現場に出る前に十分なトレーニングが必要となる。

　しかし，実際の飼い主さんと罹患動物で練習するわけにいかないため，現場に近い形のトレーニング法として，シミュレーション教育の**ロールプレイング**がある。これには6つの長所がある（図5-1-2）。

　①繰り返し行うことができる，②飼い主さんを害さないなどリスクを排して安全に行うことができる，③学習に必要な場面（沈黙，抵抗，饒舌など）を自由につくれる，④学習者の準備段階や到達目標によって設定の難易度を変えられる，⑤十分時間をかけて振り返りとフィードバック（詳細はP.104）が行える，⑥飼い主役を演ずることにより，飼い主さんの気持ちやどのように対応してほしいかが分かる（時に飼い主役と獣医師役を交代したり，討論形式で意見交換をしたりするのもよい）。

　獣医療面接の教育の目的は，医療面接に関する知識，技術，態度の3要素を身につけることである。知識は講義を受けたり，教科書を読むことで得られる。しかし技術，態度の学習はこれでは不十分である。最も有効な学習方法は，スモールグループ（数名～10数名，最適は4～5名）による体験実習で，獣医師役（模擬獣医師），飼い主役（模擬飼い主）のシミュレーションによるロールプレイングを行い，観察者からフィードバックしてもらう。ロールプレイングの飼い主役は，参加者（学生）同士で演じる場合（「ピア・ロールプレイング」という）と，外部または非関係者が模擬飼い主（詳細はP.106）を演じて行う方法がある。

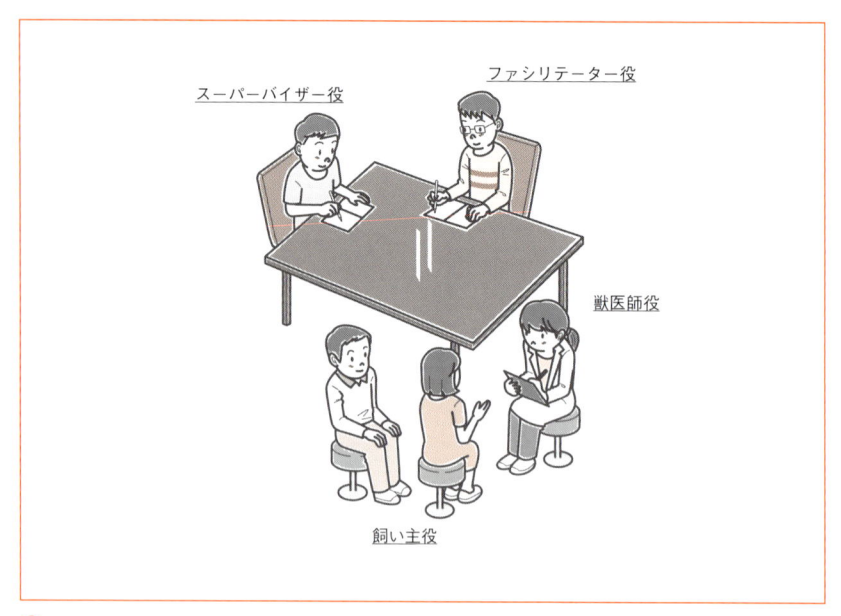

図 5-1-3　参加者同士のロールプレイング

[参加者同士のロールプレイング]
　獣医療面接の実習に最適なグループの人数は4〜5名である。この人数だと、全員が獣医師役、飼い主役（2名の場合は、夫婦、親子など）、フィードバック担当の観察者（スーパーバイザー）役、進行する世話（ファシリテーター）役を交代で演ずることができる（図5-1-3）。

　これより多い人数の場合、観察者の追加または、動物看護師役1名を配置する。世話役は、世話役だけに徹すること、さらに、できれば教官ではなく同じ立場の獣医学生または研修医で行う方が、参加者のニーズと自発的な話し合いによって、学習の内容や方法が決められる。

　ロールプレイングの構成は、獣医師1名、飼い主1名を決め、面接時間（主に10分）を設定して、獣医師主導でシナリオを用い面接を開始・導入する。最後に振り返りを行い、観察者からの評価結果を本人に返す「フィードバック」（後述）なども含め、全体ディスカッションを行う。

　できれば参加者全員がそれぞれの役をできるようにする。終了後には必ずフィードバックを行い、それに対するコメントを教官（専門家）が行う。フィードバックのルールは、「ポジティブな意見−ネガティブな意見−ポジティブな意見」の順（PNP）で発言すること、決して解説者的にならず、印象や「自分の経験上、そういった場面ではこうだった（こうなった）」など具体的な自分の体験があればそれを語るようにする。

c. フィードバック
　フィードバックとは、実習中に批判や非難をすることではなく（トラウマになるので避ける）、自分が観察したこと、感じたことを伝えることである。もちろんそれら意見に対して討論をしてもよ

PNP：ポジティブ（P）からはじまり，一番伝えたいネガティブ（N）をはさみ，最後にポジティブ（P）な意見で終結させる

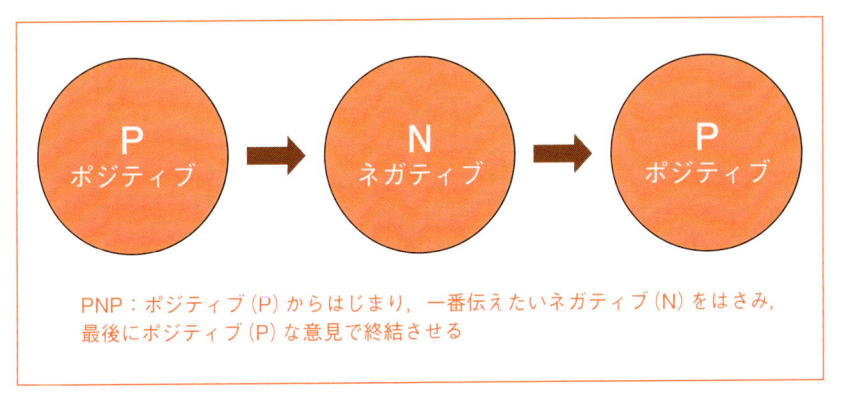

▶ 図5-1-4　フィードバックのルール

い。日本人は相手を気遣い，自分の意見を言わないので，なかなか的確なフィードバックをすることは難しい。そこでまず相手のよかった点を告げ，その後で改善すべきことを伝えるとよい。

　理想的には，前述したPNP，つまりポジティブ（P）からはじまり，一番伝えたいネガティブ（N）をはさみ，最後にポジティブ（P）な意見で終結させれば相手に比較的悪い印象は与えないであろう（図5-1-4）。

▶ 具体例

例1「導入はうまく傾聴をしていたと思われますが，面接中に貧乏揺すり（またはペンを手でいじる，うんうんと言う）が気になり，何だか落ち着かない感じで，きちんと聴いてもらえた感じがしませんでした。でも目を見て話をしてくださいましたし，私が話したいことはすべて話せたのでよかったです」

例2「流れはすばらしかったですが，自己紹介して頂けませんでしたので，初めは受け入れられていないのではと不安になりました。しかしそれ以外は私の話を大変よく聴いてくださり，信頼できる獣医師のように感じられました」

例3「とても丁寧な態度で聴いてもらったという満足感はありました」

例4「繰り返しながら，次の話題にいく前には要点をまとめてもらえて，的確な質問があったので答えやすかったですね」

d. シナリオ

　ロールプレイングには，飼い主役が演ずる以下のようなシナリオが必要である。

①飼い主役の獣医学生または研修医の動物病院への受診体験をシナリオとして用いる
②飼い主役の獣医学生または研修医が担当している，あるいは以前担当した患者の病歴をシナリオとする
③あらかじめ架空のシナリオを用意しておく

架空のシナリオの種類には，人の医療面接では，大学などにより初級，中級，上級，身体診察を含んだAdvanced OSCEがある。初級は情報収集の練習を目的とした3～4年生対象であり，中級は鑑別診断を考えることを目的とした4～6年生対象となる。上級は単に情報を収集して診断を考えるのみならず，相手に十分に配慮した対応ができることを目的とし，研修医を対象としている。Advanced OSCEは，5～6年生および研修医を対象とする。

しかし，これらはあくまでも目安であり，実習をする参加者のレベルに合わせて行ってもよい。残念ながら今現在，獣医療面接用のシナリオはないため，初級編，中級編，上級編の例題を次項に掲載したので参考にしてほしい（P.109～）。

[シナリオをつくる，またはあえてなしにする]

最初はシナリオを提供してもよいが，著者は獣医学知識のアウトプットの訓練や復習のためにシナリオを学生につくらせた方がよいと考えている。

方法としては，テーマと最低限の情報を与えてシナリオをつくってもらったり，動物病院を受診した経験のある学生がシナリオをつくる。対象が高学年の獣医学生や臨床獣医師なら，教官またはグループの進行役が突然，飼い主役だけに病名を伝え，飼い主役はその病気の好発年齢，性差，種差，症状などを考え，飼い主さんの立場に立って獣医師役からの質問に答えるのでもよい。獣医師役は，この症状から疑われる病名を考えながら獣医療面接を行う（もちろん診断がメインではなく，飼い主―獣医師関係の構築がメイン）。これはかなりスリリングであるが，自らのスキルを認識するためには大変有用なひとつの方法である。

e. 医学的知識のない一般市民を中心とした模擬患者が参加するロールプレイング

人医の模擬患者はSPと呼ばれ，模擬患者（Simulated Patient）という意味と，標準患者（Standardized Patient）という2つの意味がある。模擬患者は，シナリオはあるがアドリブもあり，自由な発言ができる。しかし標準患者はOSCEのための模擬患者であり，試験なのでアドリブなど自由な発言をしてはならず，シナリオどおりに行う必要がある。

獣医療面接では，患者（Patient）ではなく飼い主（Client）なのでSCとなり，模擬飼い主（Simulated Client）という意味と，標準飼い主（Standardized Client）と考えられるが，これは著者独自の私案であり，まだ決まった定義はない。

人医でのSPは，基本的には，医学的知識のない一般の方々が，SPに必要な特殊な技能訓練を受けて認定される。参加している方々は，多かれ少なかれ今日の医療のあり方，とりわけ患者－医療関係者，コミュニケーションのあり方について問題を感じ，その改善のために積極的に医学教育に貢献したいと考えておられるボランティアの方々である。一般人であるSPからのフィードバックは，学生にとって強いインパクトを与えるので大変有効である。

[著者がSPの経験を通して実感したこと]

かくいう著者もある都内の医大で，4カ月間にわたるSP養成講座を受講し，面接試験の後にSPと

しての認定をもらい，医学部の授業にSPとして参加した（医療従事者は基本的に対象ではないが，医療面接の主旨に賛同し，一般の方々の目線で参加してくれればよいということで参加の許可が下りた）。一般の意識から少しずれており，やりにくい部分もあったため，本来は獣医師は遠慮するべきなのかもしれない。しかし，参加させて頂いたお陰で多くのことを学ぶことができた。門戸を広げて頂いた医大の先生方には深く感謝を申し上げたい。

その医大におけるSP養成講座は，医療関係者ではないボランティアの方々をSPに育て，医学教育の担い手にしていくという講座であり，私は10期生であった。つまりその医大では10年も前からこういった講座を設置しているということになる。他の医学部では主にSPのボランティア団体と連携して医学教育していることが多く，大学独自でこういった講座があるのはめずらしい。この医大のOSCEに関する医学教育に対する熱意は高く，その分SPとしての責任も大きい。

その熱意の表れか，SP養成教育もそれなりに厳しい講座であり，声，態度，言動のひとつひとつを注意される。第1回からすぐに4〜5名1組で，いきなりシナリオを用い患者役，医師役，観察者に分かれて医療面接を行い，終了後フィードバックを行った。当初は何が何だか分からず，先輩SPに教わりながら試行錯誤で行っていたが，果たして自分にこんな演技ができるのか，シナリオを覚えられるのか不安になっていた。そこで先輩SPに相談したところ「回を重ねるたびに，いずれ慣れるよ」とアドバイスを頂いた。その後，予習，復習をしながら2つのシナリオを何度も繰り返し医療面接をすることで，確かに回を重ねるたびに流れがつかめるようになった。

著者は獣医師という立場は非公開で学んでいたが，一応臨床畑で20年以上やってきたというスキルや自信があったものの，獣医師としての経験が役に立たない場面もあり，落ち込むこともあった。しかし，それ以上に大いに発見があった。元々は獣医学教育に，この医療面接を導入するための学びの場，というスタンスで講座を受講したが，その学びだけでなく，コミュニケーション能力や考え方などで自らの成長を肌で感じられたことが大きかった。

また，講座が終了し晴れてSPとなり，医学部の授業に参加するにあたっては，医学部の学生は勉学の分野で優秀であることは周知の事実だが，医師になるという人たちは，人間的に優れた資質をどれだけ持ち合わせているかを観察できることが楽しみでもあった。授業へは数回しか参加できず多くの学生と話をしたわけではないが，印象としては，すぐにでも医者になってもよいと思われるコミュニケーション能力を含めたスキルのある学生は一部いたが，ほとんどの学生は（当たり前だが）コミュニケーション能力が特に長けているわけではなかった。昔ながらの勝手なイメージだと，医者は学力だけでなく，人としても特別な能力を持った人たちのような印象であったが，改めて医学部の学生だからといって，すべてが特別な人たちではないということが分かった。よって，獣医学生，動物看護学生においても努力すれば，すばらしい医療従事者になれるということである。

しかし今現在は，動物病院に就職した獣医師（動物看護師）が，主にコミュニケーション能力の低さによって，様々なトラブルや早期の離職などの問題に遭遇している。このような背景から，大学などの教育現場へ，その教育を求める開業獣医師の声が強くなっているとも聞く。今後，このような教育の必要性はさらに高まると思われるため，医療面接の技法を，できる限り早期に獣医学（動物看護学）教育にフィードバックする必要がある。

+PLUS コンプライアンスとは？

「コンプライアンス」という用語は，社会的には法令遵守（決められたことを守る）の意味で使用されるが，元々は医学用語であり，患者さんが医師の指示した医学的プログラムに強制的に従うという意味である。つまり飼い主さんに「コンプライアンス」を求めてしまっては，飼い主主導の獣医療を提供していないことになるため，獣医療現場では「コンプライアンス」に代わる概念が必要となる。

そこで近年，「コンプライアンス」の代わりに使用されることが多くなった用語が「アドヒアランス」である。この用語は，医学的プログラムについて，患者と医師が相互に合意した治療方針に患者が自発的に従うことを意味している。獣医師（動物看護師）は飼い主さんの自己決定を尊重し，治療環境を整えるために心理的問題，それにかかわる社会的問題を支援する存在でなければならない。

また，人医では，患者の家族は「第二の患者」ともいわれ，患者とともに様々な心理的社会的苦痛を抱えるといわれている。飼い主さんはまさしく「第二の患者」であるため，罹患動物のADLまたはQOLの向上には飼い主さんの支援が必要であり，その支援が減少しないように第二の患者である飼い主さんの心理的・社会的苦痛に対しても支援する必要がある。

+PLUS これからのチーム獣医療における動物看護師の新しい役割

医療ではインフォームド・コンセントの理念が積極的に導入されているが，医療者は情報を伝えただけでインフォームド・コンセントは達成されたと思いがちで，「患者に伝える」ということと「患者が理解する」ということの間に大きな隔たりがあることに気がついていないことがある。

医学的知識に乏しい患者さんは，情報量の多さに対し，何を基準にして判断したらよいか分からず混乱してしまっており，さらに理解しづらい部分について質問したいが，遠慮や抵抗感が障害となり聞くに聞けないことが多々ある。

その対応を獣医師自身が行ったり，専門家である（臨床）心理士にチーム医療に加わってコーディネートしてもらえればこの上ないが，現実的には時間的，経済的問題（人件費）などで困難と言わざるを得ない。

そこで著者が考えるひとつの手段は，元々チーム医療の一員であり，獣医学的知識のある動物看護師に臨床心理学的教育を行い，飼い主さんと獣医師との「橋渡し役」を担ってもらうことである。

元々，動物看護師は，獣医療における「橋渡し役」としての立場でもある。近年増加している動物看護師系の大学や専門学校でこのような教育がなされるようになると，特に人を育てるという大学の教育基盤にさらに付加価値を高める可能性があるのではないかと考えている。

実際に医療での看護師教育においては，「人を育てる」ということが，看護学部や専門学校の受験制度から積極的に行われている。よってチャンスがあれば，「動物臨床心理学（仮称）」の構築を目指すべきであるが，学問として構築するには長い年月がかかるため，まずは動物看護教育におけるコアカリキュラムの総合看護実習内にも導入されている「総合臨床実習」内の「院内コミュニケーション」「クライアントエデュケーション」などのコミュニケーション関連科目に「獣医療面接」の技法の導入を推し進めることが現実的だと考えている。

シナリオ案

初級編，中級編，上級編

※シナリオの解説はP.105～106を参照。

● 初級編

●課題：佐藤シロ，犬，2歳齢，雄

ここは一次診療施設の動物病院です。初診の患者さんで，生命に危険のある状態ではありません。下記の項目の獣医療面接を10分間で行ってください。

- ●導入
- ●良好な飼い主―獣医師間のコミュニケーション
- ●医学的情報を聞く
- ●心理・社会的情報を聞く
- ●締めくくり

*順序だった，流れに沿った獣医療面接を心がけてください

◆ 模擬飼い主（SC）用情報（獣医師・動物看護師役に伝える情報）

○罹患動物：シロ
○動物種：犬　○品種：雑種　○年齢：2歳齢　○性別：雄　○不妊手術：未実施　○体重：15 kg（BCS 3/5）
○ワクチンやフィラリア，ノミ・ダニ予防：済
○散歩：1日1回　1回45分程度　○飼育形態：屋外飼育
○飼い主：佐藤 正（夫）または佐藤美子（妻），佐藤 誠（子供）（同性の名前で演じてください）
○夫：公務員　○妻：専業主婦　○年齢：2人とも38歳　○子供：小学6年生（男の子）
○散歩：主に子供が行っている
○主訴：本日，散歩から帰ったら元気，食欲がなく下痢をしている　○既往歴：なし
○季節：8月上旬
○一般身体検査所見：可視粘膜乾燥・色調低下，体温41.0度，心拍数130回／分，呼吸数10回／分，脱水10％以上，CRT＞2秒　※ただし本来は獣医療面接（問診）後に一般身体検査となるので最初から提示しないこと（あくまでも病気の確定診断が目的ではない）

◆場面設定
1. 夏になり少し食欲は落ちていたが，元気であった。
2. 食べ物は一般食のフードが中心でよく食べる。副食はない。
3. シロは散歩で拾い食いをすることがある。
4. 昼間は庭の木陰で土に穴を掘り涼んでいる。その他の対策はしていない。
5. 散歩コースや庭に除草剤，殺鼠剤など中毒を起こすものはない。
6. 子供が1週間前から夏休みとなり散歩が13時〜14時である。
○飼い主の気持ち（疾患モデル）：原因がよく分からない，何か変な物を食べたのかもしれない（暑さ対策が不十分であることや，現症が熱中症であるという認識はない）

◆現病歴
父親または母親と子供で来院，主に大人が話をする

1．今日はどうなさいましたか？ と聞かれたら答える内容
「食欲や元気がなく，下痢しています」

2．何もさえぎらず自ら話す内容
「シロちゃんが今日散歩から帰ってから突然，食欲や元気がなく，下痢をしました。夏になって少し食欲は落ちてはいましたが，昨日までは元気はありました。突然のことなので何が原因かはまったく分からないのですが，いつも散歩に行っている子供に聞くとたまに拾い食いをすることがあるそうなので何か食べたのかなと。そう思って子供に拾い食いがなかったか聞いてもよく分からないようです」
　※さえぎられた（「さえぎり」）かどうかを判断して評価してください
（1）「あいづち」「繰り返し」は「さえぎり」とはしない。
　　例）獣医師「なるほど」「原因はよく分からないのですね」「散歩はいつもお子さんが行っているのですね」「ふんふん，たまに拾い食いがあるのですね」など
　　例）SC「…元気がないのです」―獣医師「元気がないのですね」―SC「はい」
　　例）SC「拾い食いをしたのかと…」―獣医師「拾い食いをご心配されているのですね」―SC「はい」
（2）「受容」「共感」「支持」は「さえぎり」とはしない。
　　例）「多いですね」「病気なのかと心配になりますよね」「何とかしてあげたいですよね」

3．獣医師から尋ねられたら話す内容（閉ざされた質問で話す内容）
1）いつから？ → 今日，急にはじまりました。
2）どんな下痢ですか？ → 水っぽい感じです。
3）食欲はまったくないのですか？ → 少し食べました。
4）体重は変わりませんか？ → 特に変わりありません。
5）普段から拾い食いはあるのですか？ → はい，子供に聞いたらたまにあるみたいです。
6）散歩はいつもお子さんが行っているのですか？ → 週末は夫と子供で行くこともありますが，普

段は子供だけです。
7）どんな病気が心配？ → 今まで元気で病気もしていないので拾い食いかと。
8）散歩コースやお庭に中毒を起こすものはありませんか？ → いいえ，除草剤，殺鼠剤などありませんし，庭や散歩コースの草を食べることもありません。
9）尿の色は？ → よく分かりません。
10）真夏になってからシロちゃんの暑さ対策はどうしていますか？ → 小屋ではなく庭の木陰の下の土に穴を掘って涼んでいるようです。
11）最近，夏バテしていると感じていますか？ → ないと思いますが，食欲が少し減っていたのであるのかもしれません。
12）環境の変化はありませんか？ → ありません（本当は子供が夏休みに入り，家にいることや，散歩時間が変化したりしているのを気がついていないように対応する）。ただし，最近（または本日）の散歩は何時に行きましたか？と聞かれたら昼過ぎですと話をする。
※子供役の人は「分からない」だけでもよいが，「何か散歩で食べなかった？」とやさしい口調で質問されたら「食べてないよ」と言ってもよい。また，散歩の時間に関しては，昼まで寝ているのでいつも母親に怒られているという負い目からあまり言わなくてよい（母親に早く起きなさいと怒られながらも，起床できずに昼間のその時間に散歩行っているのを母親は知っている）

※学生（研修生）の質問に対する対応上の注意点
（1）話を十分に聞いていないにもかかわらず聞くべき項目が思いつかない様子で，「他に何か症状（または原因）はありませんでしたか？」などと漠然と質問された場合
　⇒「他にとおっしゃいますと…」と問い返す。
　※しかし，十分主訴について話を聞いた上で，随伴症状（主な症状に伴う症状）をさらに積極的に聞き出そうとしている場合は，問い返さず，まだ伝えていない随伴症状として夏になってから食欲が低下していること，散歩の時間が13時～14時になっていることを述べる
（2）一度に複数の質問をされた場合
　⇒2つまでは聞かれたものすべてに答えるが，3つ以上のときは最初の質問のみ答える。
（3）途中で話が進まなくなり，苦し紛れのように「言い忘れたことは？」と聞かれた場合
　⇒患者の気持ちなど，話していないことが多くても「特にありません」と答える。
（4）最後に「何か言い忘れたことは？」と聞かれた場合
　⇒それまでによい関係が築けていて，なおかつ患者にとって気になる項目（どうしても言いたい症状や解釈モデルなど）が話せていないような場合，患者として話したいとSCが思えるならその点を話してもよい。例）子供の夏休み，散歩の時間の変化など
（5）シナリオにない内容のことを質問された場合
　⇒「特に問題ない」「覚えていない」あるいは自分のことを述べる。「ある」と言ってしまうと話が複雑になるので「ない」と言う。
（6）この事例は拾い食いではないかと解釈しているが，実は暑さ対策不備（普段から暑さ対策が不十

分であり，一番暑い時間に散歩に行ってしまったりして熱中症となってしまったこと）が最も重要である。

◆ SCさんへの説明
○疾患名：熱中症
○鑑別すべき疾患名：中毒や腐敗したものなどの誤食による急性胃腸炎，急性膵炎，異物など
○主な徴候・病態の解説
　2歳齢と若く比較的急性で削痩もないことから，慢性疾患や腫瘍性疾患は考えにくい（除外できてはいないがまずは一般的な病態から考える）。
　若齢時に発現する消化器症状には寄生虫などの感染症や食物アレルギーがあるが，2歳齢まで症状がないのは説明がつかない。特に食物アレルギーなら2歳齢以下で発現するので否定的である（主食の変化はない）。その他，日常生活での食物有害反応も考えられるがずっと同じドックフードだけで，副食もないので考えられない。ただし，真夏なので保存状態の悪い酸化したドックフードを食べて消化不良になったとも考えられるが，症状が突然なので否定的である。
　ただし，拾い食いがあるため，何か腐敗したものや，中毒を発現するような食べ物，草（除草剤を散布された草などだが食べていないという設定である），脂肪分の多いもの（急性膵炎）などを食べた可能性もある。これを否定するには十分な問診を行うが，通常の散歩が小学生の男の子であるため，正確には除外できないこともある（ただし子供役は食べていないと言及する）。
　結果的に夏になり食欲が少し落ちていたことや，子供が夏休みで一番暑い時間帯に散歩に行っていること，発熱，発熱による呼吸数増加，重度な脱水，脱水による心拍数増加などからすると，急性徴候なので熱中症の可能性が最も高いと考えられる。

● 中級編

●課題：鈴木タマ，猫（三毛），3歳齢，不妊雌
ここは一次診療施設の動物病院です。初診の患者さんで，生命に危険のある状態ではありません。下記の項目の獣医療面接を10分間で行ってください。
●導入
●良好な飼い主─獣医師間のコミュニケーション
●医学的情報を聞く
●心理・社会的情報を聞く
●締めくくり
＊順序だった，流れに沿った獣医療面接を心がけてください

◆ 模擬飼い主（SC）用情報（獣医師・動物看護師役に伝える情報）
○罹患動物：タマ

○動物種：猫　○品種：雑種（長毛）　○年齢：3歳齢　○性別：雌　○不妊手術：済　○体重：3.8 kg（BCS 4/5）
○ワクチンやフィラリア，ノミ・ダニ予防：済
○飼育形態：屋内飼育
○飼い主：鈴木 勝または鈴木美子（同性の名前で演じてください）
○夫：クリーニング店主　○妻：クリーニング店で夫とともに働いている　○年齢：2人とも58歳　○子供：2人（男と女）とも社会人となり独立している
○主訴：本日，食事を食べた後5回ほど吐いた
○既往歴：なし
○季節：秋
○一般身体検査所見：可視粘膜正常，体温38.5度，心拍数180回／分，呼吸数30回／分，脱水＜5％，CRT＞2秒　※ただし本来は獣医療面接（問診）後に一般身体検査となるので最初から提示しないこと（あくまでも病気の確定診断が目的ではない）

◆場面設定
1．今までたまに吐くことはあったが，5回連続はない。
2．食べ物は一般食のフードを1日1回山盛りにおいてあげている。副食はない。
3．たまに台所にある人の食べ残した魚の骨などを盗んで食べることがある。
4．1日中クリーニング店裏の居間にいる。お店の中には薬品もあるので，それらによる中毒（接触や誤飲，吸入中毒も含む）に注意し，隔離している。屋外に逃げ出すことはない。
5．ブラッシングは週末に里帰りする娘がたまにしている。
○飼い主の気持ち（疾患モデル）：たまに吐くことはあるが，5回連続は初めてなので何か変なものを食べたのではないか心配である

◆現病歴
1．今日はどうなさいましたか？ と聞かれたら答える内容
「何回も吐きました」

2．何もさえぎらず長めに自ら話す内容
「昨日まで元気だったのです。今までたまに吐くことはあったのですが，今日は朝ご飯をあげたらすぐに吐いて，その後4回も吐いたのです。これまで5回も吐くことはなかったので，どうしたのかと。たまに私たちの食べ残した焼き魚などを盗んで食べてしまうことがあったので，今回も何か変なものを食べちゃったのかなと思います」
　※さえぎられた（「さえぎり」）かどうかを判断して評価してください
（1）「あいづち」「繰り返し」は「さえぎり」とはしない。
　　　例）獣医師「なるほど」「うんうん」

例）SC「今までこんなに吐くことはなかったのです」—獣医師「なるほど，こんなに吐くことはなかったのですね」—SC「はい」

例）SC「盗み食いをしたのかと…」—獣医師「ふんふん，盗み食いをご心配されているのですね」—SC「はい」

（2）「受容」「共感」「支持」の言葉かけは「さえぎり」とはしない。

例）「なるほど，5回も吐いたのですか，それはつらそうですね」「5回も吐かれたら，何か変なものを食べたのかなと心配になりますよね」「私もそう思います」など

3．獣医師から尋ねられたら話す内容（閉ざされた質問で話す内容）

1）いつから？ → 今日，急にはじまりました。
2）どんなもどしですか？ → 食べ物がそのまま出ましたが，その後は水だけです。
3）食欲はまったくないのですか？ → 食べた後吐いたので，あるのかもしれません。
4）吐いた後，元気（活動性）はなくなりましたか？ → 少しあったかと思います。
5）咳やゼエゼエするなど呼吸器症状はありますか？ → ありません。
6）普段から盗み食い（台所や食卓の上のものだけでなく，ゴミ箱をあさるなども含む）はあるのですか？ → 数カ月に1回ほどあります。
7）どんな病気が心配ですか？ → 何か変なものを食べた食あたりかなと。
8）便の状態に変化はありませんか？ → ありません。
9）尿の色は？ 量は？（猫砂なので） → よく分かりません。
　※獣医師が膀胱炎（血尿）を確認するために「砂の色は濃くありませんか？」「臭いはきつくありませんか？」と質問してきたら「変わりません」と答え，多尿を確認するために「尿をした後の猫砂の塊が大きいとかはありませんか？」と質問してきたら「いつも通りです」と答える
10）お店の裏の居間にいるようですがお店の中に入ってしまうということはありませんか？ → お店の中には薬品もあるので注意して入らせないようにしています。
11）ブラッシングはしていますか？ → 週末に里帰りする娘がたまにしています。
　※頻度を聞かれたら「月1回ほどです」と答える
12）環境の変化はありませんか？ → ありません。
13）この数日間に盗み食いはありませんでしたか？ → ありません。

※学生（研修生）の質問に対する対応上の注意点

（1）話を十分に聞いていないにもかかわらず聞くべき項目が思いつかない様子で，「他に何か症状（または原因）はありませんでしたか？」などと漠然と質問された場合
　⇒「他にとおっしゃいますと…」と問い返す。
　※しかし，十分主訴について話を聞いた上で，随伴症状（主な症状に伴う症状）をさらに積極的に聞き出そうとしている場合は，問い返さず，「特にありません」と述べる
（2）一度に複数の質問をされた場合

⇒2つまでは聞かれたものすべてに答えるが，3つ以上のときは最初の質問のみ答える。
（3）途中で話が進まなくなり，苦し紛れのように「言い忘れたことは？」と聞かれた場合
⇒患者の気持ちなど，話していないことが多くても「特にありません」と答える。
（4）最後に「何か言い忘れたことは？」と聞かれた場合
⇒それまでによい関係が築けていて，なおかつ患者にとって気になる項目（どうしても言いたい症状や解釈モデルなど）が話せていないような場合，患者として話したいとSCが思えるならその点を話してもよい。
例）「最近よく毛が抜けるのよね，ブラッシングはやらせなくて，週末に里帰りする娘が拾ってきた猫なので慣れているから時々してくれるのだけれど，それでも家中毛だらけよ（笑）」といった世間話的な話をする。
（5）シナリオにない内容のことを質問された場合
⇒「特に問題ない」「覚えていない」あるいは自分のことを述べる。「ある」と言ってしまうと話が複雑になるので「ない」と言う。
（6）この事例は盗み食いではないかと解釈しているが，実は換毛期にブラッシングが少ないことによる毛玉症であることが最も重要である。きちんとしています，と反論されたら便に混ざる毛の量を確認してもらうとよい（本事例はないが時に便秘ぎみのこともある）

◆SCさんへの説明

○疾患名：毛玉による急性胃炎（毛球症）
○鑑別すべき疾患名：細菌・ウイルス・寄生虫などの感染症，急性膵炎，有害な食べ物による中毒や特発性急性胃炎，異物など
○主な徴候・病態の解説

　3歳齢と若く急性症状であること，肥満傾向であることから，高齢の猫などに多い甲状腺機能亢進症や腎不全などの慢性疾患や，消化管腫瘍による消化器症状は考えにくい（すべて除外できてはいないが，まずは一般的なものから考える）。

　若齢時に発現する消化器症状にはウイルスや寄生虫などの感染症があるが，3歳齢まで症状がなく，屋外に出ないこと，ワクチンも接種しているので除外してよい。

　そうすると急性の胃炎で最も疑われるのは，腐敗した食べ物や，中毒などを含めた食物有害反応による嘔吐や急性膵炎，異物による腸閉塞である。盗み食いの経歴があることから，これらが最も疑われるが，最近盗み食いをした現場を見ていない（稟告にはない），さらに中毒（接触や誤飲，吸入中毒も含む）を避けるため常にクリーニング店内には入れないようにしていることより，これらはほぼ否定できる。

　食物有害反応でさらに細かく言えば，ドライフードを置きっぱなしにしているので，酸化したキャットフードを食べて消化不良になったとも考えられるが，それはいつものことであり，湿度の高い夏場ではないこと，さらに徴候が急性であり，慢性の下痢などもないので否定的である。また，異物に関しては予想もつかない場所で誤食している可能性もあるので，獣医療面接の段階では完全否定

できない。しかしながら，嘔吐がありながら食欲や元気もあること，一般身体検査で特に問題（発熱，腹部痛など）がみられないことにより，急性膵炎や腸閉塞は否定的となる。

よって，換毛期にブラッシング不足により，胃内に毛玉ができてしまい，急性胃炎を発現したことが最も疑われる。

● 上級編

●課題：田中ポチ，犬，9歳齢，雌

ここは一次診療施設の動物病院です。初診の患者さんで，生命に危険のある状態ではありません。下記の項目の獣医療面接を10分間で行ってください。
●導入
●良好な飼い主―獣医師間のコミュニケーション
●医学的情報を聞く
●心理・社会的情報を聞く
●締めくくり
＊順序だった，流れに沿った獣医療面接を心がけてください

◆模擬飼い主（SC）用情報（獣医師・動物看護師役に伝える情報）
○罹患動物：ポチ
○動物種：犬　○品種：柴　○年齢：9歳齢　○性別：雌　○不妊手術：未実施　○体重：12 kg（BCS 4/5）
○ワクチンやフィラリア，ノミ・ダニ予防：済
○散歩：1日2回　1回30分程度
○飼育形態：屋内飼育で寝るときも一緒
○発情：不定期
○飼い主：田中太郎（夫）または田中花子（妻）（同性の名前で演じてください）
○夫：営業職（いつも帰りが遅い）　○妻：近くのスーパーでパートをはじめた（10～15時まで）
○年齢：2人とも55歳　○子供：すでに独立している
○散歩：主に妻が行っている
○主訴：元気，食欲はあるが，最近お漏らしをする
○既往歴：なし
○季節：冬

◆場面設定
1. 今まで病気はなく元気であったが，2週間前から布団でお漏らしをしている（大きく地図を描くような大量の尿）。散歩以外に夜寝る前にも外に連れて行ったりしたが，それでもお漏らしは治

らない。
2．1カ月前から，生活のために妻は近くのスーパーでパートとして10〜15時まで仕事をしている。妻が仕事をはじめても，散歩の習慣に変化はない。今までも買い物などで妻のいないことはあったので，犬にストレスはないと思われるが，もしかしたらストレスなのかと心配になっている。夫とポチは仲がよい。夫は営業職のため，いつも午前様だが生活習慣には変化はない。
3．元気，食欲はある。食べ物は一般食のフードを中心によく食べる。副食は低脂肪のジャーキーを毎日ではないが食べている。帰宅の遅い夫が夜食を食べるとき，人のものをあげていることがある。副食が多いため，散歩は十分だが肥満体型である。
4．冬になり，乾燥のためか水を多く飲む。いつもの倍以上飲んでいる。加湿器などを用い，できるだけ部屋の湿度を上げているが，あまり変わらない。
5．便の色や形に問題はないが，最近，少しゆるい気がする。
6．陰部をよく舐めている。
7．最近，何となく太ったような気がする。
8．皮膚に問題はない。
9．一般身体検査所見：可視粘膜正常，体温39.2度，心拍数88回／分，呼吸数30回／分。
〇飼い主の気持ち（疾患モデル）：寒いし，膀胱炎ではないかと思うが，最近妻が仕事をはじめたのでストレスもあるのかと思う

◆ **現病歴**

1．今日はどうなさいましたか？ と聞かれたら答える内容
「お漏らしがあるのです」

2．何もさえぎらず長めに自ら話す内容
　「ポチちゃんと一緒に寝ているのですが，最近になってお漏らしばかりするのです。今までそんなことはなく，散歩でしか尿をしない子だったのです。寝る前に散歩に連れて行ったりしたのですが治りません。夫はしつけがだめなのだと思い，尿をしたところに顔を当ててきつく叱ったのですが，それでも変わりませんでした。私（妻）が最近パートをはじめたので留守番のストレスで膀胱炎にでもなってしまったのかもしれません。
　また，冬になって乾燥してきたためか，水ばかり飲むのです。加湿器も使っているのですが，なかなか治りません。あと気になる症状は，陰部をよく舐めていることと，便の最後の方が軟らかいということくらいです」
　※さえぎられた（「さえぎり」）かどうかを判断して評価してください
（1）「あいづち」「繰り返し」は「さえぎり」とはしない。
　　例）獣医師「なるほど」「お漏らしばかりして困っているのですね」「ふんふん，いつもしないところにしてしまったということですね」
（2）話の内容について，SCが話した直後に獣医師が話し確認するのは「さえぎり」とはしない。

例）SC「…と言われたのは初めてなんです」─獣医師「初めてなんですね」─SC「はい」
　　例）SC「お漏らしが続いています…」─獣医師「お漏らしですね」─SC「はい」
（3）飼い主さんに共感する言葉かけは「さえぎり」とはしない。

3．獣医師から尋ねられたら話す内容（閉ざされた質問で話す内容）

1）いつから？ → お漏らしは2週間前からです。
2）どんな時間にお漏らしをしますか？ → 夜中に多いですが，昼間も時々あります。
3）夜は眠れますか？ → 特に問題はありません。
4）太った理由に思い当たりはありますか？ → 散歩も同じくらいですし，特に食事に問題はありません。でも，もしかしたら（夫が）人のものを与えすぎたのかもしれません。
5）他に気になる症状はありますか？ → 水を多く飲むことです。
6）食欲はありますか？ → 普通です。便通は？ → 普通ですが便の最後が少し軟らかいようです。咳はありますか？ → ありません。
7）どんな病気が心配ですか？ → 膀胱炎，ストレスなどかなと。
8）おりものなどはありますか？ → ありません。発情は？ → きたりこなかったり不定期です。
9）尿の色は？ → 薄い感じです（低比重尿は薄い）。尿の臭いは？ → ありません（感染症は臭いが強くなる）。
10）陰部の舐めはどれくらいしますか？ → 四六時中しているため，たまに怒ります。
11）お漏らしをするときは，起きていますか？眠ったままですか？ → 起きています。

※学生（研修生）の質問に対する対応上の注意点
（1）話を十分に聞いていないにもかかわらず聞くべき項目が思いつかない様子で，「他に何か症状（または原因）はありませんでしたか？」などと漠然と質問された場合
　　⇒「他にとおっしゃいますと…」と問い返す。
　※しかし，十分主訴について話を聞いた上で，随伴症状（主な症状に伴う症状）をさらに積極的に聞き出そうとしている場合は，問い返さず，まだ伝えていない随伴症状を述べる。
（2）具体的な症状を一度に2つ質問された場合
　　⇒聞かれたものすべてに答えるが，3つ以上の質問のときは最初の質問のみに答える。
（3）途中で話が進まなくなり，苦し紛れのように「言い忘れたことは？」と聞かれた場合
　　⇒患者の気持ちなど，話していないことが多くても「特にありません」と答える。
（4）最後に「何か言い忘れたことは？」と聞かれた場合
　　⇒それまでによい関係が築けていて，なおかつ患者にとって気になる項目（どうしても言いたい症状や解釈モデルなど）が話せていないような場合，患者として話したいとSCが思えるならその点を話してもよい。
（5）シナリオにない内容のことを質問された場合
　　⇒「特に問題ない」「覚えていない」あるいは自分のことを述べる。「ある」と言ってしまうと話が

複雑になるので「ない」と言う。
(6) この事例はお漏らし＝膀胱炎という解釈をしているが，実は水を多く飲むということが最も重要である。

◆SCさんへの説明
○疾患名：閉鎖型の子宮蓄膿症
○鑑別すべき疾患名：多飲多尿なら副腎皮質機能亢進症，糖尿病，肝疾患，甲状腺機能低下症，妊娠，原発性腎不全など，陰部舐めだけだとすると膀胱炎，膣炎，アレルギーなど
○主な徴候・病態の解説

　多飲多尿がポイントであり，水を多く飲んでいることから常に膀胱が充満しているため，少しの体動により尿が漏れてしまっている。残尿感で陰部を舐めていると考えてしまうが，実際は尿漏れによる膣周辺の違和感による陰部舐めである。膀胱炎との鑑別は，尿意や排尿回数で分かるが，実際には尿検査の低比重尿（潜血－，蛋白－）の確認が必要である。膀胱炎なら1回の尿量は少なく，色や臭いの変化が顕著であり，布団を大きく濡らすことはほとんどないであろう。子宮疾患なら血様～粘性膿様のおりものがあるはずと考えるが，閉鎖型の場合はおりものが必ずしも出ないことが次のポイントとなる。

　また，最近太ってきたということも，もうひとつのポイントである。不妊手術を実施していない犬の腹部膨満では，妊娠（偽妊娠）以外でも，腹腔内新生物や副腎皮質機能亢進症による肝腫大（本症例は皮膚徴候なし）および腹壁の脆弱化，甲状腺機能低下症による肥満（本症例は皮膚徴候や徐脈，顔貌の変化なし），さらにうっ血性心不全，肝不全，低蛋白血症による腹水などが挙げられるが，発咳や運動不耐性，食欲低下，嘔吐などの消化器症状などの臨床徴候がなく，状態も安定しているため疑いは薄い。もちろん，消化器症状は子宮疾患でもよく認められる症状であることは忘れてはならない。

　今回の消化器症状は，軟便が軽度にあるため低蛋白血症も疑うことができるが，これは水の飲み過ぎによる加水和によるものと考えられる。よって，6歳齢以上の未不妊雌で発情が不定期，微熱と腹部膨満，多飲多尿により（卵巣）子宮疾患が強く疑われる。

Appendix
獣医療面接 Q & A

　本書は月刊CAPの2014年1月号から9月号にわたり連載した「獣医療面接のすゝめ」をもとに構成していますが，連載期間中や終了後，多くの読者から獣医療面接に対する質問を頂きました。ここでは，その質問の中から類似する内容に関して統合し，11の事例に対する対応を，あくまでも個人的な参考意見としてではありますが，解説させて頂きます。本書の内容が「難しかった」と感じた方は，ぜひこの事例集中で使われている技法を改めて読み返し，理解を深めて頂ければ幸いです。

> **Q1** 猫の飼い主さんは自分の飼育法にプライドがあるのか，こちらの助言をなかなか受け入れてくれません。特に外に出してしまう人に多いように感じます。外で怪我をしてきても「この子はケンカしない！」「ずっと見ていたからそんなわけない！」など，明らかな咬傷があっても否定されてしまうので困ります。そんな方にどういった指導をすればよいのでしょうか？（院長）

A1 日常でよく遭遇するパターンですね。「治ればいいではないか」と思われる先生もいらっしゃるとは思いますが，臨床獣医師は怪我を治すだけでなく，様々なリスクの観点から予防医療として，怪我をさせない指導も重要です。質問された先生は大変まじめな考え方をお持ちなのでしょう。

　飼い主さんからのニーズからすると，あえて否定しないという方法（その方が受けがよい？）もありますが，猫を助けたいという臨床獣医師としての使命も果たしたいですよね。そこでこういった飼い主さんには，「なぜ否定をするのか」を考え，その視点に立ったアプローチをするとよい方向に向くかもしれません。以下，具体例を示します。

○飼い主さん側の気持ち分析
1. 外に出してはいけないという引け目があるので認められない，認めたくないという思い。
2. 庭が外という意識がない。庭で野良猫が入ってきてしまったことで起きた咬傷事件があるのかもしれないが，庭は敷地内なので外という意識がないため出していないということになる（つまり嘘をついているわけではない）。
3. 留守中や夜中に多い猫の外出が念頭にない。飼い主さんの見ていない留守中や夜中に外出している可能性は考えていない。よって，見ている範囲内では喧嘩もしていないし，外にも出ていないということになる。
4. 猫は元々外に出るものであり，出さないとかわいそうという気持ちがある。よって「出すな」という意識の獣医師（動物看護師）には同調できない。

5．猫を出さないように頑張ったけど無理だった。よって，なかばあきらめているので否定的になる。
6．いつも見ている人（家にいるおばあちゃんなど）が違うので実はよく分かっていない。

　以上のような理由がある可能性が考えられます。

　よって飼い主さんの努力を認めること，どうして猫がこういった状況にあっているのか，心の対決をしてもらうこと，また本能的なものなら猫の行動修正が必要ですので未不妊なら不妊手術をすることや，外に出す場合は咬傷により猫エイズなどの感染症にかかりやすくなる（＝愛猫が苦しむ）リスクなどを説明します。それでもだめなら，うまくいった事例を出してみるのもいいでしょう。例えば一部屋だけの管理や大きなケージ（2〜3階建て）での管理を勧めるなどです。

　とにかく飼い主さんへ真摯に対応して，一緒に改善点を考えていってください。けっして「あれはだめ，これはだめ」と否定ばかりしないようにしてください。否定が先行すると，同じように相手も否定的になってしまいますから。

Q2 特に中高齢の男性に多いのですが，独自の考えや思い込みが強く，プライドが高く，こちら側の説明や助言を受け入れず，理解しようとしない，理解できない人がいるように感じます。かといって飼い主さんが選択した治療法でもうまくいかず，不満を訴えられることがあります。こういった飼い主さんへの対処法を教えてください。（勤務医から院長まで多数）

A2 ご存じのように獣医療とは，どんなにすばらしい対応をしても結果が伴わなくては飼い主さんの不満が解消できない場合のある大変な仕事ですので，すべての飼い主さんの満足を得られるようにするのは不可能です。しかしながら，もし治らない病気（緑内障，慢性腎疾患，心疾患など）なら飼い主さんは「仕方がない」と理解でき，不満も軽減しますので，治らない病気かどうかの診断をしっかりと行うことが大切です。

　時に診断に苦慮する場合や，診断は確かなはずだけどどうしても飼い主さんが理解してくれないなどの場合は，二次診療施設での診断をお願いするのもよいかもしれません。二次診療施設でも同じ診断になれば信頼関係はさらに強固なものになるでしょう（その逆もありますが，誤診が長引く方が問題になります）。その他詳細な対応の仕方はＱ１を参考にしてください。

Q3 よい雰囲気で初診を終えたつもりなのに，再診に来てくれないことがあります。こちらの何が悪かったのか，飼い主さんが再診しない理由（本音など）が理解できません。飼い主さんの理解度への確認不足なのかもしれませんが，どうやって確認するべきか悩みます。（院長）

A3 本音を引き出すことは難しいですし，本音を引き出す努力というより，できるだけその場だけでもご満足してお帰り頂けるようにするべきです。信頼できる病院という認識は頂いたという前提で，再診しない理由をいくつか以下に述べます。

1. かかりつけ医がお休みだったので来院したため，次はいつもの慣れた病院に行こうと思っている。でも何かの折にはこちらにもかかろうとは思っている。
2. 他の従業員の対応に不満があった。
3. 金額面が他の病院と差があった。
4. 症状が大変よくなったので再診しなかった（再診してほしいという意向が伝わっていなかった＝説明不足）。
5. 見た目は雰囲気がよいような印象があったが，実は診断や治療に大変不満があった（雰囲気のよい飼い主さんでも我慢している人もいる。妙に頭を下げて「信頼しています」，「先生にお任せします」と言う人ほど，相手を受け入れない防御反応が強い場合もあるため注意が必要となる）。

また，雰囲気よく初診を終えたことから，理解が得られたはずだと考えがちですが，本当に理解が得られたのでしょうか？ その理解度の確認は再診につなげるために大変に重要なことです。まずは何度も同じことを繰り返し説明しながら探る必要があります。加えて，「何かご質問やもう少し聞きたいことはございませんか？」という「開かれた質問*」を入れましょう。診察室という緊張する場での説明は，なかなか頭に入りませんので，できるだけ情報量は少なく端的に説明してください。コツとしては具体的な事例（こういった患者さんがいた，など）を交えて解説するとよいでしょう。

*：「第3章　獣医療面接のプロセス　導入・質問　獣医療面接のプロセスの概念モデル①②」参照

Q4
より分かりやすい言葉で繰り返し説明するように意識していますが，多くの時間をとれない中で，伝えたいことをより的確に伝える方法や話し方がまだ不足しているように感じます。時に言い方によっては詰問するようになってしまうのが悩みです。（勤務医から院長まで多数）

A4
臨床現場では時間がないことが多いため，時に「閉ざされた質問*」の「はい」「いいえ」しか回答のできない対話となってしまうのは仕方ありません。

ただし詰問は，「相手を責めて厳しく問いただすこと」という意味となりますので，これを続けてしまうと，いずれ医療過誤，医療訴訟につながる可能性がありますので，できるだけ避けてください（でもその自覚があるだけでも前向きです）。

そこで対策としては，本来は短い対話の中で，できるだけうなずき，うながし，繰り返し，確認などの技法を使いながら会話すること（「第3章　獣医療面接のプロセス　傾聴（共感・支持）　獣医療面接のプロセスの概念モデル③」参照），さらに次に移る前に，閉ざされた質問によって得られた情報を使いながら系統立った説明をしながら進めてください（例：先ほどおっしゃった○ということは△が疑われるため，□を検査することで●が除外できます．さらにできれば▲も必要なので■をしてもよろしいでしょうか？）。

そうはいっても時間もなくなかなか難しいこともあるので，現実的には，できるだけ重要なポイントだけは飼い主さんに理解が得られているかを確認しながら進めること（○○についてご理解頂けましたか？ ○○について分からないことはありませんか？ 他にご質問はございませんか？），さらに

は印刷された解説書や説明時に使ったメモを渡すなど「ツール」をうまく利用するのもよいでしょう。それでもだめなら「ご不明な点がございましたらご質問ください。後ほどお電話でご連絡頂いても構いません」とお伝えしましょう。

＊：「第3章　獣医療面接のプロセス　導入・質問　獣医療面接のプロセスの概念モデル①②」参照

Q5 飼い主さんの反応についイラッとしてしまい，厳しい対応をしてしまいがち…。プロ意識を持って，常に冷静でいられるようにしたいのですが…。(勤務医)

A5 よくよく分かります。獣医師であったとしても，人ですので，すべての方に冷静に対応できるわけではありません。最近はモンスターペイシェントならぬモンスタークライアントもいますので，著者自身もイラッとしてしまうことは多々ありますが，そこでその雰囲気(コンテクスト＊)にのまれ，同調して厳しい対応をしてしまうと相手に巻き込まれてしまった形となります。たとえ厳しい対応をした結果，一見理解されたようにみえても，こちらの指示に従わないか，病院に来なくなります。

　そこで考えてほしいのは，「ここで厳しい対応をしてしまうと，よけい理解が得られずにこちらの本意も伝わらず，罹患動物にとってよい診療が提供できなくなる」ということであり，最悪，医療訴訟などにつながる可能性があるということです。ぐっとこらえ，「大人になろう，動物のためだけを考えよう，変な噂になったら怖い，トラブルになったらよほど大変」など自分なりのこらえる言葉を頭に浮かべたり，もうひとりの自分と対話をしましょう(頭の中の葛藤例：おい，こらえろ→でもこの人の言い方は納得できない→トラブルになったらどうするのだ…)。

＊：「第1章　獣医療面接の基礎知識　基礎知識1　獣医療面接の定義」参照

Q6 飼い主さんが検査や治療にどれだけの金額をかけることが可能なのか気になります。費用面に関するアプローチの仕方を教えてください。(院長多数)

A6 飼い主さんのニーズとして，どこまで求めているかということですね。考えられるニーズをいくつか具体的に示します。
1．対症療法目的の治療のみを希望(ADL＊を改善する目的か，悪い病気だと知りたくない)。
2．最低限の検査と最低限の治療を希望(費用の問題)。
3．根治的治療を目指す診断や治療なら何でもしてほしい。

　しかしこれらには費用面が最も大きなウエイトを占めます。よって費用面についてもそのニーズを知らなければ，信頼関係がうまく構築されませんし，それを無視して進めた結果，関係が破綻したり(一般的にお金にシビアな方は多いです)，未納者(こちらの責任の場合もある)となり経営にも影響が出てきてしまうので切実です。

　そこで対処法ですが，「どれだけお金をかけて検査や治療が可能か」ということではなく，「除外診断(または確定診断)をするのにどのくらいの費用がかかる検査が必要か」ということです。

著者の経験的にも，値段だけを先に取り挙げてしまうと拒絶されることが多いのですが，検査をする必要性・目的について事前に説明し，「最低限の検査ではここまでしか診断や治療ができない」ということを納得して頂ければ，「そういうことならＡちゃんのためにその検査をお願いします」と，たとえ高額な費用でも出してもらえることがあるということです。

逆を言えば，「最低限の検査だと○○は除外できますが，確定診断には至りません」ということを飼い主さんにご理解頂けていれば，確定診断に至らなくても問題はないはずです（飼い主さんはそのことを理解しているはずですから）。そして，その結果を踏まえ，次の検査をどうするか考えてもらえばいいのです。

よく除外診断的に最低限の検査をし，結果がクリアだったとき，「費用をかけたのに何もないではないか？」と飼い主さんから不満を訴えられることがありますし，それを嫌う獣医師がいます。これは，果たしてその検査が必要であったのかという獣医師のスキルの問題（なってはいけない"何でも検査前提主義"）は別として，事前に，クリアだったとしても鑑別診断リストの中から除外診断ができるということを伝えればまったく問題はありません。その後，「あとは○○や□□が疑われるので，もう少し費用のかかる検査をしませんか？」と次の段階に進めればいいでしょう。

＊：「第３章　獣医療面接のプロセス　聴取，最終要約・確認，身体検査，終結　獣医療面接のプロセスの概念モデル⑥～⑨」参照

Q7 自分の親と同世代の飼い主さんと話す機会が多いので，失礼のない，かつしっかりとした指導を心がけていますが，年配の飼い主さんへの対応は特に難しいと感じます。若いとなかなか先生として認識してもらえないので，接し方に気をつかいます。（勤務医）

A7 著者自身も開業したての頃（27～28歳）に，病気の指導をしたところ，「おまえみたいな若造に言われたくない」と言われたことがあります。

当時はただただ動物のためだけに，病気を治すための指導を一生懸命していたつもりでしたが，今振り返ると飼い主さんへの配慮が足りず根拠のない自信とおごりがあったことは否定できません。それは臨床経験や学術的スキルがないことへの不安から，飼い主さんに対し強気の診療や，遊びのない（応用がきかない）診療をしていたようです。

質問者の先生は若いので臨床スキルが少ないという引け目を現時点で感じているのだとしたら，著者の若い時にくらべれば何の問題もありません。それだけ謙虚かつ実直に対応していれば，おのずと飼い主─獣医師関係は構築できることと思いますので不安がらず，今のままでいて頂いて構わないと思います。

足りない分は若さを武器に，体力なら負けないので休憩時間でも何でもいつでも時間を割いて対応する姿勢を示すことや，調べ物が得意なので分かりやすい資料をつくるなど，質問者の先生の得意分野のプラス面を打ち出してみてはいかがでしょうか。ベテラン獣医師ができない，若手獣医師（またはあなた）だからこそできることをみつけて飼い主さんに提供してみてください。

また，こういった考え方もあります。専門家である先生（プロ）だと認識してもらえないと悩むの

ではなく，ひとりの友人としての対応でもいいと思うのはいかがでしょう。特にカウンセリングでは，逆にプロとしてではなく，一友人として「何でも悩みを話してください」，というスタンスで対応しなくてはなりません。よって，飼い主さんが本音を言ってくれる雰囲気づくりを心がけるのも若さという武器を逆手にとった手法だと思われます。

Q8 抗がん剤など飼い主さんが不安を強く感じる治療を勧める際，どのような伝え方がよいのか，今でも苦慮します。（院長）

A8 確かに抗がん剤は大変繊細な対応が必要ですね。「抗がん剤＝副作用で苦しむ」という認識の方が多いですから。

抗がん剤の苦しみを強く毛嫌いする飼い主さんには「抗がん剤で苦しむのと，病気で苦しむのとどっちがいいのでしょう」や「抗がん剤の苦しみは予測でき，それなりの対応ができますが，それをしない場合の病気の苦しみは予測ができないので十分な対応が難しい」というメッセージが柱になると思います。

そうは言っても，まず抗がん剤を使う必要が本当にある病気なのかという診断が重要です。抗がん剤は毒性が高い薬なので，診断が的確でないと使用してはいけませんので中途半端な診断なら勧めるべきではありません。そしてその病気に対しての奏功率がどうか（リンパ腫は奏功率が高いので強く勧めるべきですが，由来細胞，分化度も確定した上での話です）も次のポイントになります。さらに費用面（例：低分化型リンパ腫で費用がかけられなければCHOP療法ではなくドキソルビシン単独療法にするなど，高分化型リンパ腫ならクロラムブシルやメルファランではなくステロイドだけにするなど）や，通院可能かなどの物理的な問題も検討します。それらデータを出して，ご理解が得られたのなら皆さんが抗がん剤治療を選択するはずです。

しかし，飼い主さんが抗がん剤に対しトラウマがある場合は，人のカウンセリングの分野になりますので，大変難しくなります。獣医師はプロのカウンセラーではないので，トラウマのある飼い主さんには無理して勧める必要はありません（精神的な負担が強くなり精神疾患を発現または助長させる危険性があるからです）が，獣医師の責務として飼い主さんに抗がん剤を使わない欠点を理解して頂くこと，使わない治療でどの程度の改善が望めるかを理解して頂き，その上で最高にこだわらず，できる範囲内の最良の治療を一緒に考える努力をしていくことが必要です。

Q9 特に初診時において，飼い主さんが動物看護師に話す内容と，獣医師に対して話す内容が違うことがあります。何でも話しやすい獣医師であるよう意識しているのですが…。（院長）

A9 これもよくあるパターンですね。なぜそうなっているのかといえば，飼い主さんにとって「話しやすい，親しみやすい」と感じるのは動物看護師であり，獣医師は「緊張する相手，こう言ったら怒られるかも，忙しいだろうから時間をとらせては悪い」と思わせる存在のため，

そういった相手には，本能的にその場を問題なくひとまずやり過ごさなくてはという習性が出てしまい，動物看護師と違う対応となってしまうのでしょう。特に初診時は飼い主—獣医師関係が構築されにくいこと（信用していない）からさらに強化されてしまいます。

対策としてはやはり，「傾聴，共感，受容，支持*」を用いて飼い主さんと対話することですが，そのパターンを逆手にとって，まずは動物看護師に詳細な問診（獣医療面接）をとってもらってから診察に入るようにしてはいかがでしょうか。

また，会計の際に，飼い主さんから診察で言えなかった（言わなかった）新しい問題や不満が伝えられることがあります。その場合は，時間があれば動物看護師から獣医師に伝えてもらい，さらに受付にて獣医師が追加で指導や説明をすると，そのまま何もしないで帰宅する場合と違い，次の飼い主—獣医師関係への構築につながることと思います。また，初診の場合（健康診断目的ではなく，病気で来院された場合）は，その病気が治れば次回から飼い主—獣医師関係が構築されいろいろ話をしてくれるかもしれません。

＊：「第3章　獣医療面接のプロセス　傾聴（共感・支持）　獣医療面接のプロセスの概念モデル③」参照

Q10
できるだけリラックスして何でも話してもらえるような雰囲気づくりをしているつもりですが，緊張している飼い主さんが少なくないように感じます。緊張している飼い主さんとの接し方，打ち解け方のコツはありますか？（勤務医）

A10
簡単に打ち解ける方法はもちろんありません。動物病院に来院される飼い主さんのほとんどが緊張していますので，対応の仕方は同じですが，できれば友人から相談を受けるような雰囲気をつくりながら，とにかく賢明に実直な対応をし，相手の気持ちや，空気，そして（加えて）相手の出方の先を読むといったコミュニケーションをとっていくしかないと思います。

しかし，特に飼い主さんが緊張しすぎて問診に対する回答が何も得られない場合は，「今，どんなことを思っていますか？」「どうしたいと思われていますか？」などをお聞きすると，最初の一言がはじまり，打開できる可能性があります。

また，飼い主さんによっては，緊張しているだけでなく，うまく説明（表現）できない場合もあります。その際は，言葉の端々から飼い主さんの考えている内容を「明確化*」するようにしましょう。

例えば，「（私の考えが間違っていたらすみません）Aさんは○○という病気ではないかと思っていらっしゃるのではないですか？」や，「Aさんは○○が心配だと思われているのですか？」などです。それでも話をしてくれない場合は，事例を交え，「この症状ですと，以前，○○という状態の患者さんがいらっしゃったのですが，同じような所はございませんでしたか？」など，「はい」「いいえ」の「閉ざされた質問」で進める方法もあります。繰り返しになりますが，とにかくできるだけ多く対話をすることで打開策を模索するしかないでしょう。

奥の手としては，素直に「実は私も緊張しているのですよ」などとお伝えすることで，飼い主さんが「先生も緊張しているのだわ」と理解され，少しは緊張がほぐれる場合があります。

なお，緊張ではなく獣医師や動物病院に対する不満・不信感で打ち解けられない場合は，どうしてほしいのかニーズをお聞きするか，そういった飼い主さんは今までいろいろ努力されている方が多いので，その内容（たとえ間違っていても）をお聞きしながら褒めてあげると突破口が開けるかもしれません。

ただし，気に入られたいために前医の不満などを言う飼い主さんに同調したり，問題のない前医の場合でも後医が信頼を勝ち取るために「そのやり方は間違いだ」と否定することがあります。「後医は名医」という言葉があります。後医はいずれにせよ有利な立場にありますのでプロとしては前医のことを否定してはいけません（本当に間違っていたとしても相手を否定せず「私の見解では○○です」と伝える）。その否定により，その場限りの信頼関係を勝ち取ってもそういった態度が飼い主さんに伝わり，いずれ信頼を失うことは目に見えていますのでご注意ください。

＊：「第3章　獣医療面接のプロセス　傾聴（共感・支持）　獣医療面接のプロセスの概念モデル③」参照

Q11 飼い主さんにはできるだけ分かりやすく説明するよう努力していますが，こちらの質問に答えてもらえないときがあります。上手に聞き出す方法はありますか？

（勤務医）

A11 答えてもらえない場合には，いくつかのパターンがあります。以下のいずれかに該当する可能性がありますが，どれに該当するか分からない場合は，複数の対応をしてみてください。

1．質問が多すぎてどの質問に答えたらいいか分からない。

人は質問が多すぎる場合，最初または最後の質問しか答えられない場合があります。よって複数の質問がある場合は，できるだけひとつひとつ区切って質問してください。

2．質問の意味が理解できていない。

こういった場合は，「私の説明不足のためか，答えにくい質問をしてしまい申しわけありません。○○についてもう一度説明させてください。私がお聞きしたかったのは□□という意味でして，△△という◎◎を知りたいのです。ご理解頂けましたら教えてください」と補足します。

3．質問に答えたくない

信頼関係がない（あなたには話したくない）という場合を除くと以下が考えられます。その質問が，飼い主さんにとって介入してほしくないプライベートな質問であったり，実はそこが罹患動物の病気の原因となっていて，飼い主さんはそのことに薄々気がついており（これを意識化させることを明確化という），それを言うと怒られる，または修正を指示されるのでは？と思っており言いたくない場合があります。プライベートな質問の場合は，「なぜそこまで言う必要があるの？」と思ってしまいますので，その必要性（例：Aちゃんの病気のきっかけとなっている場合がありますので…）を事前に説明しなくてはなりません。原因となっている行動があるとしたら，事例を出して説得すると反応が違ってくる場合があります（例：以前の患者さんで同じような行動があり，その原因が○○で，それを修正したら治りました，など）。

おわりに

　近年，獣医学教育は大きく転換してきています。獣医療は「動物助け」だけでなく，「人助け」が必要であることが周知されてきており，罹患動物と飼い主さんの立場に寄り添った獣医療を提供するための教育が強く求められはじめています。

　これからの若い世代の獣医師が獣医療面接を含めたOSCEなどの教育により，コミュニケーション能力を身につけることは，飼い主さんからの篤い信頼を勝ち取る上で重要なツールとなると思われます。さらに私も含めより年長の獣医師は，改めてこれらを学び，自らの診療を見直すことが必要になってくるのかもしれません。

　本書は，月刊CAP 2014年1月号から9月号に連載をした「獣医療面接のすゝめ」をもとに再構成したものです。書籍化にあたっては，より理解が深められるよう，詳細な解説を加筆するとともに，例題や具体的事例をできるだけ多く盛り込みました。獣医療領域ではこの「獣医療面接」の成書が存在しません。そのため本書は，柱となる臨床心理学を基本から学びながら獣医療面接を理解するという教科書的な構成となっています。結果として臨床心理学的用語や技法を詳細に解説していることから，中には少々理解しにくい部分（まわりくどい説明）があったかもしれません。

　本書の内容が難しかったと感じられた方に，獣医療面接の技法を理解するための学び方のヒントをお伝えします。まずは具体的事例（AppendixのQ＆Aでも可）を先にお読みください。その具体的事例には技法を使っておりますが，私の24年の臨床経験（現場）に即したものであり，成功例だけでなく失敗例もできるだけ提供しています。技法の内容を把握する前に，まずは具体的事例からイメージをつかんでください。そして，その技法について詳細に理解したい場合は解説をお読みください。そのような流れで理解を深めていくと，導入がしやすくなるかもしれません。

　ただし，獣医療面接に正解はありません。人には個性というものがあるため，個々の特性を利用し，結果的に飼い主―獣医師関係が良好になればよいのです。よって，本書の内容をそのまま引用するのではなく，あくまでも基礎として意識または理解した上で，独自の獣医療面接を構築してください。

　また，獣医療面接は技法だけではうまくいきません。例えば，「相手が話を聞いてくれない」「何だか怒っている」「不満げな顔をする」など飼い主さん側の問題は，時に獣医師（動物看護師）側の態度や言葉使い，雰囲気（非言語的メッセージ）などの問題から派生している場合もあります。よって飼い主さんに変わってもらいたい（行動変容）というものを強く押しつけるのではなく，獣医師（動物看護師）側に問題がないかを常に考え，何か問題（先入観，根本的に人として合わないと感じてしまっている，きつい言い方になっているなど）があるようなら，その態度や行動を自ら変容してください。そうすれば結果的に飼い主さんの行動変容につながる可能性もあります。ぜひもうひとりの自分と対話しながら診療のふり返りを日々実践してみてください。

最後に，私は大学で心理学の研究はしていますが，獣医療面接の教育について研究をしたことはありません。したがって，本書の内容のほとんどが他人の業績（特に人医療）に基づくものであり，私独自の業績が含まれているわけではありません。しかしながら，医大にて医療面接教育に触れ，行動心理学および臨床心理学について研究し，私自身の24年の臨床経験というスキルも加え解説していますので，読者の皆様方に有益な情報を提供できたのではないかと思います。しかしその一方では，私の個人的見解が含まれている可能性があることもご了承頂きたいと思います。

　本書の出版にあたり，お忙しい中にもかかわらず監修者としてマンツーマンで綿密にご指導頂いた文教大学の石原俊一先生，臨床面からのご助言を頂いた久山獣医科病院の久山昌之先生，執筆の機会を頂いた緑書房の池田俊之氏，花崎麻衣子氏をはじめ同社の皆様，執筆や校正の仕事に専念できるよう協力してくれた大相模動物クリニック 獣医師の小野貞治先生，原田智子先生，村上彬祥先生，動物看護師の木曽ミカエ氏，笹川麻衣氏，松井愛氏，藤田めぐ氏，公私ともに支えてくれた妻の弘子に深く感謝申し上げます。

　2015年　春

著者

監修をおえて

　このたび，「ロジックで学ぶ　獣医療面接」と題した，今まで獣医療においてほとんど発刊されていないテーマを扱った専門書が刊行できることは，心理臨床や医学臨床の教育・実践に関わってきたものとして，新たな領域に携わることができる喜びでいっぱいである。

　人医における現場では，すでにコミュニケーションへの関心が高まっており，特に看護師養成における大学教育カリキュラムへの導入もはじまっている。コミュニケーションにより患者と良好な信頼関係を築くためには，傾聴の姿勢を常に示しながら，患者や家族の意思や考え方を理解し，受容する気持ち（カウンセリングマインド）を持ち続けることと，行動科学に基づいた面接スキル（知識と技術）を身につけることが重要である。また，医療現場に特化したコミュニケーションにおいては，患者と医療者との関係が，医療者主導ではなく，医療者─患者の対等な関係性が重要であることが認知されるようになった。医療者がコミュニケーションスキルを上達させるためには，カウンセリング技法の基本スキルや医療面接技法を身につけ，その事例に学び，患者の心理状態や患者が医療者へ期待しているコミュニケーションについて理解することが必要であるとされるようになった。

　以上のようなコミュニケーションスキルの重要性については，医療や医学教育では，数十年前から指摘されていたものの，実際の医療・教育現場に導入されるようになったのはつい最近のことであるが，その努力は，常に粘り強く行われてきた。

　獣医療では，一義的には罹患動物の診断および治療が目的であるが，それと同時に動物の罹患に伴う不安やストレスについて飼い主に対するケアも重要になってきている。人医での患者家族に対するケアと類似した側面もあるが，それ以上の重要性があると考えられる。すなわち，罹患動物を通した飼い主へのケアも含まれるからである。以上のような観点からも獣医療におけるさらなる発展が期待される。

　著者の小沼守先生から本書の前身である月刊CAP連載「獣医療面接のすゝめ」の監修を依頼されたときは，獣医療においてもカウンセリング技法の必要性が重視されるようになったことへの驚きと同時に，獣医療のさらなる成熟への扉が開かれようとしている予感に興奮を覚えたことを思い出す。

　本書の発刊が，今後の獣医療におけるカウンセリング技法やコミュニケーション技術に対する重要性の啓発と獣医学教育おける具体的なカリキュラム導入への起爆剤になることを大いに期待したい。

2015年4月

石原俊一

参考文献

<序>
1) Lazare A, Putnam SM, Lipkin M Jr：The Medical Interview Clinical Care, Education, and Research. Springer-Vertag, New York, 1995.
2) Silverman J, Kurtz S, Draper J：Skills for Communicating with Patients 2nd ed. Radcliffe Publishing, Oxford, 2005.
3) L.コーン，J.コリガン，M.ドナルドソン，米国医療の質委員会 医学研究所著，医学ジャーナリスト協会訳：人は誰でも間違える—より安全な医療システムを目指して．日本評論社，東京，2000.
4) 全国大学獣医学関係代表者協議会：獣医学教育モデル・コア・カリキュラム平成24年度版．インターズー，東京，2012.
5) 斎藤清二：はじめての医療面接 コミュニケーション技法とその学び方．医学書院，東京，2000.
6) 向原 圭著，伴 信太郎監修：医療面接 根拠に基づいたアプローチ．文光堂，東京，2006.

<第1章>
1) 斎藤清二：はじめての医療面接 コミュニケーション技法とその学び方．医学書院，東京，2000.
2) 向原 圭著，伴 信太郎監修：医療面接 根拠に基づいたアプローチ．文光堂，東京，2006.
3) 土居健郎：方法としての面接―臨床家のために．医学書院，東京，1992.
4) 小川一美，松田昌史，飯塚雄一他：非言語的コミュニケーションのマルチ・チャネル的研究の推進を目指して．対人社会心理学研究，10：55-75, 2010.
5) Steven A.Cohen-Cole，飯島克巳，佐々木将人訳：メディカルインタビュー―三つの役割軸モデルによるアプローチ．メディカル・サイエンス・インターナショナル，東京，1995.
6) 小沼 守：臨床獣医師のための読問術 第7回 伝えたつもり．CAP, No.268, 2011 (10)：86-89.

<第2章>
1) アレン・E・アイビイ，福原真知子他訳：マイクロカウンセリング―"学ぶ―使う―教える"技法の統合：その理論と実際．川島書店，東京，1985.
2) 國分康孝：カウンセリングの技法．誠信書房，東京，1979.
3) 土居健郎：方法としての面接―臨床家のために．医学書院，東京，1992.
4) 向原 圭著，伴 信太郎監修：医療面接 根拠に基づいたアプローチ．文光堂，東京，2006.
5) 斎藤清二：はじめての医療面接 コミュニケーション技法とその学び方．医学書院，東京，2000.
6) 渋谷昌三：人を動かす心理学 相手の感情スイッチをオンにして思い通りの結果を手に入れる62の方法．ダイヤモンド社，東京，2012.
7) 増田杏菜，宮川優一，冨永芳昇，増田克之，三河翔馬，三根薫子，竹村直行：イヌおよびネコにおける環境の変化に対する血圧測定値に関する検討．第6回日本獣医腎泌尿器学会学術集会「下部尿路腫瘍の診断と治療」シラバス．2013.
8) 木村裕哉，家内一亨他：動物病院における医学用語の理解と誤解．動物臨床医学会，2015, 24 (1)：35-38.

<第3章>
1) 向原 圭著，伴 信太郎監修：医療面接 根拠に基づいたアプローチ．文光堂，東京，2006.
2) 斎藤清二：はじめての医療面接 コミュニケーション技法とその学び方．医学書院，東京，2000.
3) 渋谷昌三：人を動かす心理学 相手の感情スイッチをオンにして思い通りの結果を手に入れる62の方法．ダイヤモンド社，東京，2012.
4) 岡堂哲雄編：人間関係論入門（ナースのための心理学④）．金子書房，東京，2000.
5) 宗像恒次：新行動変容のヘルスカウンセリング―自己成長への支援．ヘルスカウンセリングセンターインターナショナル，東京，1997.
6) 齋藤 孝，坂東眞理子：会話に強くなる～話す力・聞く力を育てる33のメソッド～．徳間書店，東京，2014.
7) 國分康孝：カウンセリングの技法．誠信書房，東京，1979.
8) アレン・E・アイビイ，福原真知子他訳：マイクロカウンセリング―"学ぶ―使う―教える"技法の統合：その理論と実際．川島書店，東京，1985.
9) 高柳和江：第4回診断のために必要な情報（Ⅰ）．日本医科大学模擬患者養成講座2013.
10) 石原俊一：心臓リハビリテーションにおけるQOL評価．循環器内科，2011, 69 (3)：116-122.
11) 萬代 隆，神田清子，藤田晴康著，日野原重明監修：看護に活かすQOL評価．中山書店，東京，2003.
12) 田崎美弥子，中根允文：WHO QOL26 手引改訂版．金子書房，東京，2013.

<第4章>
1) 向原 圭著，伴 信太郎監修：医療面接 根拠に基づいたアプローチ．文光堂，東京，2006.
2) 國分康孝：カウンセリングの技法．誠信書房，東京，1979.
3) 高柳和江：第4回診断のために必要な情報（Ⅰ）．日本医科大学模擬患者養成講座2013.
4) 岡堂哲雄編：人間関係論入門（ナースのための心理学④），

金子書房, 東京, 2000.
5) 宗像恒次：新行動変容のヘルスカウンセリング―自己成長への支援. ヘルスカウンセリングセンターインターナショナル, 東京, 1997.
6) 斎藤清二：はじめての医療面接 コミュニケーション技法とその学び方. 医学書院, 東京, 2000.
7) 石原俊一：心臓リハビリテーションにおけるQOL評価. 循環器内科, 2011, 69 (3)：116-122.
8) 萬代 隆, 神田清子, 藤田晴康著, 日野原重明監修：看護に活かすQOL評価. 中山書店, 東京, 2003.
9) 田崎美弥子, 中根允文：WHO QOL26 手引改訂版. 金子書房, 東京, 2013.
10) 岡堂哲雄編：人間関係論入門（ナースのための心理学④）. 金子書房, 東京, 2000.
11) 福原真知子, アレン・E.アイビイ, メアリ・B.アイビイ：マイクロカウンセリングの理論と実践. 風間書房, 東京, 2004.
12) 矢野 淳, 黒髪 恵, 日高崇博他：不治の病の治療に対する飼い主の期待についての質的研究. 日獣会誌, 2013, 66：403-410.
13) 鈴木富雄, 阿部恵子編：よくわかる医療面接と模擬患者. 名古屋大学出版会, 名古屋, 2011.
14) 渋谷昌三：面白いほどよくわかる！他人の心理学. 西東社, 東京, 2012.

<第5章>
1) バーナード ローリン著, 竹内和世, 浜名克己訳：獣医倫理入門―理論と実践. 白揚社, 東京, 2010.
2) 向原 圭著, 伴 信太郎監修：医療面接 根拠に基づいたアプローチ. 文光堂, 東京, 2006.
3) 國分康孝：カウンセリングの技法. 誠信書房, 東京, 1979.
4) 高柳和江：第4回診断のために必要な情報（Ⅰ）. 日本医科大学模擬患者養成講座2013.

5) 岡堂哲雄編：人間関係論入門（ナースのための心理学④）. 金子書房, 東京, 2000.
6) 宗像恒次：新行動変容のヘルスカウンセリング―自己成長への支援. ヘルスカウンセリングセンターインターナショナル, 東京, 1997.
7) 斎藤清二：はじめての医療面接 コミュニケーション技法とその学び方. 医学書院, 東京, 2000.
8) 石原俊一：心臓リハビリテーションにおけるQOL評価. 循環器内科, 2011, 69 (3)：116-122.
9) 萬代 隆, 神田清子, 藤田晴康著, 日野原重明監修：看護に活かすQOL評価. 中山書店, 東京, 2003.
10) 田崎美弥子, 中根允文：WHO QOL26 手引改訂版. 金子書房, 東京, 2013.
11) 岡堂哲雄編：人間関係論入門（ナースのための心理学④）. 金子書房, 東京, 2000.
12) 福原真知子, アレン・E.アイビイ, メアリ・B.アイビイ：マイクロカウンセリングの理論と実践. 風間書房, 東京, 2004.
13) 矢野 淳, 黒髪 恵, 日高崇博他：不治の病の治療に対する飼い主の期待についての質的研究. 日獣会誌, 2013, 66：403-410.
14) 鈴木富雄, 阿部恵子編：よくわかる医療面接と模擬患者. 名古屋大学出版会, 名古屋, 2011.
15) 鈴木伸一：医療心理学の新展開―チーム医療に活かす心理学の最前線. 北大路書房, 京都, 2008.
16) スチュワート・J.H. ビドル, ナネット ムツリ著, 竹中晃二, 橋本公雄監訳：身体活動の健康心理学―決定因・安寧・介入. 大修館書店, 東京, 2005.
17) 日本健康心理学会, 滝澤武久, 木村登紀子編：健康心理学基礎シリーズ 第4巻 健康教育概論. 実務教育出版, 東京, 2012.

索 引

あ

アイコンタクト　13, 15
あいさつ　13, 21, 39, 40, 41, 76, 102
あいづち　13, 15, 46, 48, 50, 51, 57, 102, 110, 114, 117
アナムネーゼ　67, 70
医学用語　29, 32, 34, 36
位置　13, 31, 102
illness（病い）　8
インフォームド・コンセント　7, 26, 108
うながし　50, 51, 57, 122
ADL（Activities of Daily Living）　70, 78, 91, 108, 123
SP（模擬患者, 標準患者）　101, 106
エビデンス・ベースド・メディスン（EBM）　65, 99

か

解釈法　80, 83
飼い主教育（飼い主さんへの教育）　17, 23, 34, 74
かかわり行動　21, 29
確認　31, 38, 39, 41, 44, 54, 59, 61, 63, 66, 68, 70, 73, 80, 93, 95, 102, 118, 122
観察者（スーパーバイザー）　103, 105, 107
技法の統合　28, 29, 80
基本的傾聴の連鎖　28, 29
客観的臨床能力試験（OSCE, オスキー）　5, 99, 101, 105, 106, 107
QOL（Quality of Life）　67, 70, 78, 91, 108
共感　22, 23, 24, 28, 29, 39, 54, 55, 56, 89, 92, 93, 95, 101, 110, 114, 118, 122, 126, 127
共感的・支持的態度　102

繰り返し　39, 44, 46, 50, 51, 52, 54, 56, 59, 60, 63, 64, 65, 70, 89, 93, 101, 102, 110, 114, 117, 122
傾聴（傾聴技法）　7, 17, 21, 23, 28, 29, 30, 33, 34, 39, 42, 43, 48, 50, 54, 55, 63, 66, 69, 89, 100, 101, 104, 122, 126
健康教育　98
言語的メッセージ　12, 13, 14, 15, 17
行動変容　65, 80, 85, 87
声の調子　29, 32, 34
ことばづかい　29, 32, 102
コンテクスト　14, 15, 21, 29, 123
コンテント　14, 15
コンプライアンス　108

さ

再確認　34, 39, 73, 75
さえぎり　39, 58, 110, 114, 117, 118
自己開示　28, 80, 81, 82
自己決定（自己決定権）　17, 26, 74, 80, 85, 86, 89, 108
自己受容　24, 55, 80, 86
自己紹介　21, 39, 41, 102, 104
支持　22, 23, 24, 39, 54, 55, 56, 76, 77, 110, 114, 126
指示（宿題法）　80, 85
姿勢　12, 13, 15, 29, 31, 35
視線　12, 29, 31, 40, 102
シナリオ　103, 105, 109
獣医学教育モデル・コア・カリキュラム　7, 108
獣医療面接の定義　12
獣医療面接技法の構造　28, 29
終結　28, 29, 39, 67, 73
終結宣言　76

主導的技法	15
受容（受容的技法）	15, 21, 22, 24, 29, 33, 54, 55, 56, 57, 69, 89, 110, 114, 126
焦点づけ	18, 19, 39, 43, 59, 60, 65, 68, 89
承認	23, 24, 55, 56
情報提供	80, 81
情報提供的学習法	98, 99
情報の収集	17, 18
進行する世話（ファシリテーター）役	103, 105
身体言語	29, 32
身体検査	23, 39, 71, 72, 76
積極技法	28, 29, 69, 80, 81, 87
積極的要約	87
説明と同意	40, 42
選択肢型の質問	47

た

対決	87, 89, 121
ダブルバインド	14
ダブルメッセージ	14
チーム獣医療	108
中立的な質問	42, 46
聴取（病歴聴取）	4, 7, 18, 29, 33, 39, 42, 43, 61, 63, 65, 66, 67, 99, 102
沈黙	50, 58, 103
disease（疾患）	8
導入	7, 28, 29, 38, 39, 40, 63, 102, 103, 104, 109, 112, 116
閉ざされた質問	18, 39, 42, 43, 44, 45, 46, 47, 89, 101, 102, 110, 114, 118, 122, 126

な

ナラティブ・ベースド・メディスン（NBM）	65, 99
ニーズ	4, 17, 18, 20, 69, 73, 78, 87, 92, 120, 123, 126

は

バイアス	29, 34
白衣性高血圧	35
場所・時間	29
非言語的メッセージ	12, 13, 14, 15, 16, 17, 21, 28, 29, 32, 39, 40, 44, 54, 96
開かれた質問	18, 39, 42, 43, 44, 45, 46, 47, 50, 51, 56, 57, 61, 63, 64, 68, 69, 70, 89, 122
フィードバック	103, 104, 106, 107
服装・身だしなみ	29, 30
プロクセミックス	12

ま

間	15, 50
まとめと確認	102
マニュアル化	7, 38
身振り	12, 13, 15, 32
明確化	44, 50, 53, 54, 58, 65, 68, 69, 83, 126, 127
メタ・メッセージ	13, 14, 15, 21, 69
メッセージ	12, 13, 14, 15, 21, 32, 39, 44, 48, 49, 52, 76, 125
模擬飼い主（SC）	103, 106, 109, 110, 111
模擬獣医師	103
物語り（ナラティブ）	39, 42, 63, 65, 66, 69
問診	4, 7, 10, 16, 18, 21, 67, 70, 100, 102, 110, 112, 113, 126
問題点の同定	17, 18

や・ら

要約	21, 28, 29, 39, 59, 61, 63, 64, 68, 73, 87, 89, 95, 101
臨床能力	22, 25, 101
ロールプレイング	101, 103, 105, 106
論理的帰結	80, 81, 84

プロフィール

著者◆小沼　守（おぬま　まもる）

大相模動物クリニック院長，文教大学附属生活科学研究所客員研究員，帝京科学大学非常勤講師，博士（獣医学）。

1991年日本大学農獣医学部獣医学科卒業，1995年おぬま動物病院開院（2012年大相模動物クリニックに名称変更），2010年日本大学大学院博士課程修了。2013年文教大学附属生活科学研究所客員研究員，同年，日本医科大学にて模擬患者養成講座履修。現在，教育機関で獣医療面接の普及活動をしている。

獣医アトピー・アレルギー・免疫学会編集委員・技能講習制度委員，日本大学獣医学会理事，エキゾチックペット研究会監事，獣医麻酔外科学会麻酔・疼痛管理部門部会委員，日本動物看護学会編集委員などを務める。その他所属学会は，日本医学教育学会，日本獣医学会，日本アレルギー学会，日本獣医皮膚科学会など。主な著書（共著）に「動物看護の教科書 第5巻」（緑書房），「プライマリー・ケアのための診断指針―犬と猫の内科学―」（学窓社）など。

監修者◆石原俊一（いしはら　しゅんいち）

文教大学人間科学部心理学科教授，医学博士，臨床心理士，指導健康心理士，心臓リハビリテーション指導士，サプリメントアドバイザー。

1982年同志社大学文学部文化学科心理学専攻卒業，1984年同志社大学文学研究科心理学専攻博士課程前期課程修了（文学修士），1987年同志社大学文学研究科心理学専攻博士課程後期課程単位取得満期退学，1992年京都大学医療技術短期大学部非常勤講師，1995年同志社女子大学非常勤講師，1997年武田総合病院臨床運動心理科科長などを経て，2003年埼玉医科大学にて医学博士取得，2003年文教大学人間科学部人間科学科助教授，埼玉医科大学リハビリテーション科非常勤講師就任，2007年文教大学人間科学部人間科学科教授，2008年文教大学人間科学部心理学科教授に就任し，現在に至る。専門分野は健康心理学，生理心理学，医療心理学。

日本健康心理学会常任理事，日本心臓リハビリテーション学会理事，日本心理学会代議員などを務める。所属学会は，日本感情心理学会，日本循環器学会，日本糖尿病学会など。主な著書（共著）に「心理学概論 第2版」（ナカニシヤ出版），「ウォーキング指導者必携 Medical Walking」（南江堂），「NR・サプリメントアドバイザー必携」（第一出版），「パーソナリティ心理ハンドブック」（福村出版）など。

ロジックで学ぶ　獣医療面接

2015 年 6 月 10 日　第 1 刷発行

著　者	小沼　守
監修者	石原俊一
発行者	森田　猛
発行所	株式会社 緑書房

〒 103-0004
東京都中央区東日本橋 2 丁目 8 番 3 号
ＴＥＬ 03-6833-0560
http://www.pet-honpo.com

編　集	池田俊之，花崎麻衣子
カバーデザイン	メルシング
印刷・製本	真興社

©Mamoru Onuma
ISBN 978-4-89531-225-7　Printed in Japan
落丁，乱丁本は弊社送料負担にてお取り替えいたします。

本書の複写にかかる複製，上映，譲渡，公衆送信（送信可能化を含む）の各権利は株式会社緑書房が管理の委託を受けています。

[JCOPY] 〈(一社)出版者著作権管理機構 委託出版物〉

本書を無断で複写複製(電子化を含む)することは，著作権法上での例外を除き，禁じられています。本書を複写される場合は，そのつど事前に，(一社)出版者著作権管理機構(電話03-3513-6969，FAX03-3513-6979，e-mail : info@jcopy.or.jp)の許諾を得てください。
また本書を代行業者等の第三者に依頼してスキャンやデジタル化することは，たとえ個人や家庭内の利用であっても一切認められておりません。